你不可能时时向阳，但你得是朵向阳花。在黑夜中审视自身时，要默默积蓄等待天亮的力量。在一切变好之前，我们总要经历一些不开心的日子，这段日子也许很长，也许一觉醒来，漫漫黑夜就变成了万里晴空。

总给自己找借口，懒惰、颓废，每天放空自己，但又很讨厌这种感觉。

李睿 著

我们颓废的时候应该做点什么

北京日报出版社

图书在版编目（CIP）数据

我们颓废的时候应该做点什么 / 李睿著 . -- 北京：
北京日报出版社 , 2021.1
　ISBN 978-7-5477-3896-2

　Ⅰ . ①我… Ⅱ . ①李… Ⅲ . ①情绪—自我控制—通俗
读物 Ⅳ . ① B842.6-49

中国版本图书馆 CIP 数据核字（2020）第 219108 号

我们颓废的时候应该做点什么

出版发行：北京日报出版社

地　　址：北京市东城区东单三条8-16号东方广场东配楼四层

邮　　编：100005

电　　话：发行部：（010）65255876

　　　　　　总编室：（010）65252135

印　　刷：三河市祥达印刷包装有限公司

经　　销：各地新华书店

版　　次：2021年1月第1版

　　　　　　2021年1月第1次印刷

开　　本：710毫米×1000毫米　1/16

印　　张：16

字　　数：170千字

定　　价：42.80元

序言 | 亲爱的，我们都必须直面生活的难

每当王子看到街头穷苦的乞丐，脸上都会露出难以置信的表情，皱着眉头说："如果有一天，我的生活也变成那样，我真的受不了，宁愿死去。"

多年后，王子的国家遭遇变故，他被迫沦为乞丐。当他穿着肮脏的衣服，蓬头垢面地在街上乞讨，有一个人也说了他当年说过的话。此时的王子很淡然，他笑着说："如果有一天，你成了我这样，你也会生活下去的。"

许多事情尚未发生之前，我们总会想到，若真如此就会天塌地陷；许多不幸刚刚降临时，总觉着这辈子都挨不过这道坎儿了。可当一切成为事实，赤裸裸地摆在眼前，再无任何可选择的余地时，我们都会全盘接受。所以，无论什么原因、什么境况，既然走到了这一步，就一定要直面生活的难。

著名作家余华曾经说过这样一句话："中国的年轻人里面，优秀者居多，但是能抗住事儿的人很少。"什么是能抗事儿？说白了就是在面对人生的磨难与考验之时能够有担当，不会面对一点儿挫折就撂挑子不干了，能够直面生活的难。

生命的旅程中，我们会遇见许多人，经历许多事，有的人让我们无可奈何，有的事让我们无能为力，我们不能确定每一次抉择都是对的，我们有可能被生活的艰难打倒，也有可能从巅峰跌至谷底，摔得粉身碎骨。

我们可能会软弱，会哭喊，更会丢盔弃甲、颓废沉沦，像一个逃兵，或者像一个躲在战场的背后，看着自己的城池一座座沦陷，却哆嗦着坐在王座上，害怕被掳去，甚至如死亡的国王一般，觉得自己是一个一文不值的懦夫……

但是，生命的精彩之处就在于未知，未来的日子里，无论发生什么，路依旧在，依旧在不断地绵延，依旧需要我们去走，时间的年轮也依旧在不断地增加，我们的命运，依旧在不断地备受着各种考验和困境……一切依旧，那么，当我们历经沧桑黯然落泪之时，仰首看到别人的星辉、别人的翩舞，我们，还甘心逃离，甘心丢掉自己的城池，做一个逃兵吗？

亲爱的，我们必须直面生活的难，在颓废的时候，你必须做出选择，是自我控制，还是追悔莫及？是努力地去掌控自己的生活，改变自身状况和境遇，还是任由自己颓废沉沦，让自己的结局由天注定？

纵有疾风起，人生不言弃！

就像某部电影里所说的那句经典台词："所谓一个人的长大，也便是敢于惨烈地面对自己：在选择前，有一张真诚坚定的脸；在选择后，有一颗绝不改变的心。"前面的路还很远，你可能会哭，但是一定要走下去，一定不能停。

CONTENTS 目录

第一章　CHAPTER ONE

理解你的颓废——拥抱你的不良情绪和状况

第二章　CHAPTER TWO

找回内在的力量——积极的心态是颓废的死敌

第三章　CHAPTER THREE

发现快乐的能力——如何把工作变成享受

第四章　**CHAPTER FOUR**

重建生活的乐趣——习惯是顽强而巨大的力量

第五章　CHAPTER FIVE

提升自控力——学会掌握自己的时间和生活

第六章　CHAPTER SIX

实现自我驱动——无须借用谁的光，

自己照亮前路和远方

理解你的颓废

——拥抱你的不良情绪和状况

痛苦能让我们回归现实；内疚能让我们审视自己的行为目的；悲哀会让我们想要对现状做出一些改变；焦虑能让我们未雨绸缪；恐惧能唤醒我们身体的全部能量，让我们保持高度清醒，应付险情……这些情绪，从某种意义上来说，也是一种动力。所以，请拥抱你的不良情绪和状况，任何一种情绪，如果能被妥善利用，都能让生活变得更好！

○ 颓废的三大来源 —— 后悔过去，担忧未来，不满今天

没有人可以改变过去，却有人因为担忧未来而让生活变得更糟！记住，每一个用于后悔过去、担心未来、不满今天的时刻，都会让你前进的脚步倒退，停止成长！

自从答应我的编辑在一个月内截稿之后，我的情绪一直不高，工作的动力也不足，甚至可以用颓废来形容。拖了大半年的稿件，似乎是一座无形的高山，压在我的头顶。眼看着时间越来越近，虽然每天都努力地去做，但是却发现工作量越来越巨大，这让我沮丧极了。

这段时间，我过得异常艰难。工作和家庭的琐碎占据了我的大部分时间，看着因疲于奔命而灰头土脸的自己，我每天都想要放弃，不停地问自己："我为啥要让自己过得如此累？难道就为了碎银几两？"而心中的另一个声音却告诉我："如果你选择放弃，你

就永远只能是一条咸鱼。"

打开电脑，更觉烦躁，看着自己的稿件，发现自己写的东西实在不让人满意，然后又陷入了无尽的担忧中：我这是写的什么乱七八糟的东西？这样的文章有人看吗？别人看到后会怎么看自己？一边后悔荒废的大半年光阴，自责之前没有做好工作计划，一边担忧自己不能出色地完成任务……各种情绪一直缠绕着我，压得我喘不过气来。

陷入如此低迷的情绪中，工作效率可想而知，我似乎要在自责和内疚中陷入颓废的深渊，万劫不复。我的朋友兼人生导师 H 小姐了解了我的情况后，开解我道："颓废的来源无非三个，一是后悔过去，二是担忧未来，三是不满今天。而我们唯一能够化解这些困苦、告别颓废的方法只有不悔过去，少忧未来，活在当下。你需要积极地行动起来，致力于解决当下的难题，如此才能拥有自己的节奏，掌控自己的生活。只要对自己的生活有了掌控感，你就不会迷失方向，自然也不会颓废了。"

听了 H 小姐的话，我豁然开朗。我之所以对现在的生活充满无力感，原因就在于我总是生活在内疚和担忧当中，然后给自己制造了一个怎么也走不出去的牢笼。其实想想，我的后悔并不能将现在的境况变得更好，我的担忧也不能化解那些有可能发生的糟糕情况。一切焦虑情绪除了给自己带来紧迫感，让自己感觉更加力不从心之外，于事无补。

人生不如意事十之八九，生命的旅程中总有后悔的事，假如你总是为过去的事后悔，把时间和精力花在悔不当初之上，那么，你还有精力去解决现实的难题吗？答案显然易见。这个世界上没有如果，所以也不要想如果当初怎样，现在会怎样，想得越多，时间花费得越多，而你的现状却没有任何改变。

我相信没有人想把自己的生活搞得一塌糊涂，也没有人故意为自己的人生做错误的决定，我相信我们做的任何一个决定，都是彼时彼刻对自己来说最好的决定。假如在后来的实践中，证明这个决定是错误的，也不用过度后悔自责。谁都无法改变过去，我们能做的唯有尽可能地将未来变得更好。

如何将未来变得更好？唯一的方法就是不悔过去，不忧未来，脚踏实地地一步一步向前走，过好每一个今天。

如果总是为明天而焦虑，势必会给自己造成严重的心理压力，让自己的生活更加步履艰难，日子过得更加颓废。道理都懂，但是生活中依然有很多人会把大量的时间花费在对未来的担忧中，比如毕业了找不到好工作怎么办？处理不好人际关系怎么办？没有钱怎么办？生病了怎么办？找不到伴侣怎么办？伴侣出轨怎么办？……事实上，今天有今天的事情，明天有明天的烦恼，很多事无法提前完成，过早地为将来担忧，只会让自己活在消沉和抱怨之中，人生并不会因此而有所不同。

美国作家布莱克伍德用他的亲身经历总结了一条人生经验："99%的预期烦恼是不会发生的，为了不会发生的事饱受煎熬，真是人生的一大悲哀。"很多时候，我们对未来的担忧都是一些无谓的恐惧，而这些无谓的恐惧却会剥夺我们现有生活中所有的快乐和幸福。

认识一个姑娘，她的脸上总是带着淡淡的愁容，不认识她的人一定会觉得她的生活过得很愁苦。事实上，她的人生算是圆满：父母健在，儿女双全，丈夫是一家公司的中层管理人员，自己在一家私企做人事，夫妻双方的收入都算稳定可观。

她不止一次地跟我们说过她的担忧："我丈夫虽然现在已经做到了中层，但是他年龄越来越大，我心里很是不安，假如有一天他的公司破产怎么办？或许，他的公司还没破产，就把他裁了怎么办？现在的企业一般都不要35岁以上的中年人，被裁员的话肯定很难找到工作，要知道我们家庭的大部分开支都是靠他。现在，我能出来工作完全是因为我的婆婆能帮忙，把我的两个孩子照顾得很妥帖，可她的岁数一天天地大了，假如生个病啥的，不能帮我照顾孩子了，到那时我又该怎么办呢？还有，我的孩子也要上学了，真不知道该给他选择什么样的幼儿园，去了幼儿园被其他小朋友欺负怎么办？在这方面我们大人又帮不上他……"

我终于知道她为什么总是面色憔悴、精神颓废了，就是因为她对明天有太多的忧虑，是这些担忧剥夺了她现有的快乐和幸福！

不必预支明天的烦恼，怀着忧愁度过每一天。设想自己可能遇到的麻烦，只会徒增烦恼。实际上，等烦恼真的来了，再去考虑也为时不晚，别忘了人们常说的那句话："车到山前必有路，船到桥头自然直。"

今天如同一座独木桥，只能承载今天的重量，假若加上明天的重量，必定轰然倒塌。所以，不要想太多有关未来的事，不要顾虑太多，只要好好地享受、欣赏现在的生活就行了。活着的本分就是做好今天，明天的太阳总会照常升起。就算担忧的事情真的发生了，也可能因为一些其他的事情而改变，让事情朝着好的方向发展。

没有人可以改变过去，却有人因为担忧未来而让生活变得更糟！记住，每一个用于后悔过去、不满今天、担心未来的时刻，都会让你前进的脚步倒退，停止成长！

○ 悲观情绪是一切灾难的开始

与其让一个小烦恼在潜意识里酿成一场大灾祸，不如想想如何梳理思路，缩小烦恼的影响范围，降低它的破坏力。这才是平复焦虑、扭转困境的有效途径。

回想一下，你是如何面对那些糟糕的事情的？

"事情已经这样了，我做什么都无法改变，只好破罐子破摔了。"

"最坏的事情就要发生了，我什么都没有了，我完了。"

然后，你开始坐立不安、茶饭不思，整天心烦意乱，对周围的一切都丧失了兴趣；最终，你会放弃反抗，任由坏结果在自己身上发生。

一位铁路工人意外被锁在一个冷冻的车厢里。他清楚地意识到，自己置身于冷冻车厢，如果出不去的话，就会冻死。不到 20 个小时，冷冻车厢被打开了，那位工人果然失去了生命体征。医生证实，这位工人是被冻死的。但仔细检查了车厢，却发现冷气开关并没有打开。

在冷冻开关闭合的情况下，为什么那位铁路工人还是被冻死了呢？因为他确信，在冷冻的情况下不可能活命，极度的悲观绝望会让人失去生存的欲望，由精神影响到机体。

事实上，大多数时候，我们是自己塑造了自己的处境。悲观的人在身处逆境的时候，会把自己的处境预想得非常糟糕，消极阴郁地把一切情况灾难化，会习惯性地这样思考问题："事情已经就是这样了，再多努力也是白费力气。"经常用这样的思维模式去思考问题，潜意识中就丧失了斗志，最终结果可想而知。

乐观的人在遇到麻烦的时候，他的内心会有一种向死而生的劲儿，这股劲儿会变成一种努力改变自身处境的核心动力，不管身处多么糟糕的境地，他们都会这样对自己说："嘿！别灰心，肯定会有办法的，结局可能没有想得那么糟糕！"他们设想一切可能，坦然面对一切结果，并努力把结果变得更好，就像我的朋友 W 先生。

W 先生是一个非常乐观的人。虽然他的出身不是很好，父母倾其所有送他上学，他大学毕业的时候，父母除了落得一身病之外，一贫如洗。他一边找工作，一边照顾年迈的父母，因为父母没有退休金也没有养老保险，家里一切开销都要他来承担。最开始北漂的时候，他甚至长达一年的时间风餐露宿，把攒下的钱寄给父母，即使后来工作稳定、收入可观了，他也一直住在地下室。

别人可能一出生就在巅峰，而他却要负重前行很久才能到达，看起来他并不受命运的偏爱，但是他从来没有一丝抱怨，在他看来，能上大学、能在北京工作已经是上天对他最大的恩赐。他每天都乐呵呵的，几年如一日地跟着太阳一起上班，像一只斗志昂扬的公鸡，努力地奋斗着。

似乎任何事在他面前都不是事儿，当他将生活中的一个又一个难题完美解决后，他也变成了一个成熟睿智的人。最终，命运开始回报他，如今的他父母健在、家庭美满，在北京有房有车，还有一份很好的事业。

W先生最让我欣赏的一点就是，面对任何糟心的事，他都能把结果变得更好。他也有很沮丧的时候，但是他总有办法让自己的精神重新抖擞起来，绝不会让自己沮丧很久，他是一个很懂得自洽的人。

人的性格迥然不同，有人乐观，也有人悲观。但悲观的性格绝不是命中注定的，而是后天养成的，或者说是"学习"来的。

心理学家做过一个实验：把狗分成三组，分别放在不同的笼子里。第一组狗可以自行控制是否必须接受电击，实验员对其施以电击，几秒钟后狗发现跳过笼子里的栅栏就能逃避电击；第二组狗即使跳过去，栅栏的那边还是有电击，无论它们怎么做，都无法逃避电击；第三组狗是正常的，从未受过电击。

接着，实验员把这三组狗都放到可以逃避电击的笼子里。第一组狗很快就跳过了栅栏逃避电击，第三组狗也很快发现了这个途径，唯有第二组狗没有跳，始终停留在有电流的笼子里，放弃了躲避的尝试。第二组狗的行为，在心理学上被称为"习得性无助"。

很明显，动物可以通过学习知道哪些行为是无益的，因而变得被动，不再主动去尝试。后来，有人把电击改成噪声，以同样的模式转移到人的身上，也发现了同样的结果。一个人在学习到了悲观和被动后，受到一点儿打击就觉得永远也不能逾越，再也不愿意去尝试改变。

既然悲观不是天生的，那就意味着存在改变的可能。那么，具体来说我们要如何做呢？以下三个方法可以供大家参考：

1. 将事情的影响控制到最低

当你在某一方面遭遇挫折，最重要的是立即采取行动，限定事件的影响范围，不要让负面情绪无休止地蔓延，从而造成恶性循环。比如当你失恋了，千万不要说："男人没一个好东西，我再也不相信爱情了。"而是要问自己："这次失败的爱情教会了我什么？当爱情再一次来临，我要如何做，才能避免出现同样的问题？"

积极地采取措施，应对眼前的问题，远比进入灾难化思维的恶性循环要好得多。与其让一个小烦恼在潜意识里酿成一场大灾祸，不如想想如何梳理思路，缩小烦恼的影响范围，降低它的破坏力。这才是平复焦虑、扭转困境的有效途径。

2. 不要把所有的问题都归咎在自己身上

当一件事情失败的时候，不要把问题都归咎于自己，说"我是一个彻头彻尾的失败者"，这就等于把"人"和"事"混淆了。要试着对自己说："这件事情我有处理不当的地方，才导致这样的结果，我需要多想想下一次该怎么处理更合适。"

3. 不要夸张渲染

稍有不如意的时候，不要总是对自己说："我这个人就是倒霉，什么事都不顺！"要知道这不是事实！你要学会对自己说："为什么很多时候我做事都不太如意，到底是哪儿出了问题呢？我要怎么来避免？"

每个人在身处逆境时，都不免会有一些畏惧之心，但要学会客观地去看待问题，不能偏激地把原因归咎于自己，更不要过分夸大事情的影响。乐观和悲观一样，都是学习来的，尝试换一种思维方式和情感模式去处理问题，久而久之就会形成习惯，再遇到问题时不会马上悲天悯人，而是会冷静下来反思整件事，寻找解决途径。

○ 大多数焦虑，都是对潜在失控的恐慌

生活之事只占人生一成，其余九成都关乎应对。当天灾人祸等不可控事件来临时，失控是在所难免的。而除此以外的情况，或许有一些方法能够帮助我们应对，甚至重塑生活。

我曾在网上问过一些网友这样一个问题："你会感到焦虑吗？"大部分网友的回答都是肯定的。

A 小姐说："我在某知名互联网公司上班，大家都知道，互联网公司加班熬夜是家常便饭的事，前几年，仗着自己年轻，没日没夜地写方案，但是最近却明显感觉自己身体吃不消。三十几岁的年纪，特别怕进医院，于是自己上网搜索相关症状。不查不知道，一查吓一跳，感觉各种重症的症状都跟自己的情况相像。相关数据显示，年轻女性患癌的越来越多，心里难免恐慌。很想去医院做一个全面体检，可又害怕真的会出现什么问题，我不认为我有勇气去面

对这个糟糕的结果！这段时间，我过得特别焦虑，有种惶惶不可终日的感觉。"

B先生说："我是一个沪漂，一转眼，在'魔都'工作已经快十年了，但是除了痴长几岁之外，一无所有。看到大学的舍友们家庭事业双丰收，而我依然没房没车没女朋友，做着随时都可能被人替换掉的工作，我感觉自己特别失败。很多时候我都害怕朋友们的关心和问候，不想参加同学聚会。我也想跳出舒适圈，找一个更有挑战性的工作，但是又觉得自己的能力配不上自己的野心，所以，虽然有很多想法，但是至今都没有真正地去做过，我觉得我这辈子都可能只是一条'咸鱼'了。"

C女士说："作为大龄的单身女青年，真心有难言之苦，很多人都以为我眼光太高、太挑剔，其实只有我自己知道，我的眼光并不高，只是没有遇见那个适合结婚的人。看着父母逐渐老去，我也想早点儿遂了他们的心愿，但是越是恨嫁，越是无法如愿。最近，除了父母之外，亲戚朋友也开始跟着催婚，我自己也知道，年龄对女性来说太不友好了，我真的很焦虑。"

在快节奏的今天，焦虑可能是人们生活的一种常态，不同的人有不同的焦虑。孩子在哪儿上学？父母身体是否健康？自己是不是会失业……我们会为各种各样的事情焦虑，有些时候，我们会犯强迫症，总怀疑自己没有锁门；曾经经历过悲惨的事件，总是触景伤情、噩梦连连；在喧闹的人群中，总会感到不安，甚至害怕与人相处，如此等等。

焦虑是一种无法控制、难以捉摸的情绪，它让我们恐慌，让我们心神不宁、不知所措。甚至有的时候，我们自己都不知道我们的焦虑来自何方，但是焦虑的情绪却严重地影响了生活，感觉总有一种莫名其妙的情绪让我们心烦意乱。

　　很多人在陷入焦虑的情绪中后，会迫切地想要摆脱这种不舒服的情绪体验；或是把这种情绪深藏在心里，担心被别人发现；抑或干脆破罐子破摔，任由焦虑蔓延。其实，这几种做法我们都是不提倡的。焦虑本身不可怕，真正可怕的是逃避、对抗和陷入其中。

　　焦虑就像一个湍急的旋涡，你越是挣扎，就陷得越深。与焦虑抗争只会让你疲于奔命，甚至寝食难安，无法专注于自己想做的事情。结果，你变得更加烦躁焦虑，就像溺水一样喘不过气。

　　其实，人之所以会焦虑，主要是因为对潜在失控的恐慌，怕自己无法应对未来可能发生的事情。说到底，就是害怕不可预测，害怕不可控制。要想缓解焦虑，最好的方法就是让自己重获掌控感，那么，我们该如何让自己重获对生活的掌控感呢？

　　1. 充分了解自己的焦虑，将焦虑的对象和事件具体化

　　一般来说，焦虑的类型分为三种。

　　第一种是可通过具体方法解决的问题，如没有完成的工作，只要合理安排时间，将落下的工作做完，你的焦虑感也自然会消失。

　　第二种是对未来的一些不确定的担忧。比如说担心自己突发意外。这种事情有发生的可能，但我们无法做出任何应对，也不可能因为担心发生意外就取消一切活动。

第三种是混合型，也就是说确定和不确定均有，如担心伴侣出轨。我们知道假如对方背叛自己，我们该如何解决问题，但我们无法预测什么时候会出现这个问题。

当你充分了解自己是哪一种类型的焦虑，对自己焦虑的对象更熟悉、更了解后，你才会觉得更有控制感，才有可能消除焦虑。

2. 事情越多，脑子越混乱，缓解焦虑的最佳方式是聚焦于解决一件事

通常情况下，我们感觉到焦虑是因为生活中充斥着太多的鸡零狗碎。当所有的事情堆在一起，都迫切地需要及时解决的时候，我们往往会变得焦头烂额。

假如这个时候我们眉毛胡子一把抓，什么事情都想解决，那就有可能什么事情都解决不好，我们也会变得更加焦虑。所以，我们需要对这些问题进行一个优先排序，分出轻重缓急，先专注于解决最重要、最紧急的任务，然后再想办法解决其他的。

饭要一口口吃，事情要一件件地做。当你完满地解决一件事情之后，你的焦虑情绪也会跟着缓解。

3. 仔细分析你所担忧的事件，做好接受最坏结果的思想准备

生活中出现问题的时候，不要惊慌失措，仔细回顾并分析整个过程，确定如果失败的话，最坏的结果是什么。面对可能发生的最坏情况，加强自己的心理防线，让自己能够接受并勇敢面对。有了思想准备后，就要回归平静的心态，把时间和精力用来改善未来可能发生的最坏情况。当我们能接受最坏的结果时，就不会再害怕失去什么了。

4. 保持自己的节奏，让生活健康有序地运转起来

不要逼自己去立即做出一些改变，你的生活作息也不需要完全照搬专家的建议，你的睡觉时间可以是晚上 10 点到第二天早上 5 点，也可以是凌晨 1 点到第二天早上 9 点，关键是要保持自己的节奏和规律，不要轻易地打乱生活的秩序感。

假如你能保持自己的生活节奏，无论做什么事，你的精神和身体都会处于一种轻松愉悦的状态，焦虑感也会自然而然地销声匿迹。

○ 正视恐惧，冲破恐惧带来的无力感

当我们面临恐惧时会产生焦虑、紧张及担心、慌乱等负面情绪，而这些情绪让我们变得胆小怕事、畏缩不前，最终只能战战兢兢地等待失败的光临。

Melody 是一个大龄单身女青年，随着年龄越大，她越渴望有一个能遮风避雨的家。她说这些年一个人吃饭、一个人睡觉、一个人旅行的日子她真的过够了，她想要一个知冷知热的伴侣、一个温暖的家庭。她的脑海里经常会想象安稳而幸福的婚后生活，却从来没有考虑过如何一步步实现这个目标。这些年，她的身边并不是没有出现过让她怦然心动的对象，但是害怕被人拒绝的恐惧，却让她一直不敢迈出追求幸福的第一步。

Lisa 是一个外贸公司的小职员，从毕业到现在，她一直在这个公司工作，没有想过跳槽，也没有主动跟上司提过加薪的事，这些

年，她的工资有涨，但是完全跑不过平均水平。这天，她决定主动跟上司谈一谈加薪的事，她来到上司的门前，一遍遍地在心里默默重复早已准备好的理由，她理应得到更好的待遇，且那些理由都很有说服力，可是，她始终没有勇气去敲门。磨蹭了半天，她终于鼓起勇气敲开了上司的门，可当她和上司面对面的时候，她完全忘记了自己该说什么，磕磕巴巴地说完自己的目的，老板轻描淡写地驳回了她的理由，她完全不知如何应对。面谈结束后，她只能带着一颗被击得粉碎的自信心，灰溜溜地离开了。

这样的经历很多人都有过，面对恐惧带来的焦虑感，很多人都曾对自己的胆小、懦弱感到懊恼，认为这是一种消极的情绪。我们无比渴望成为一个勇者，总想着如何消除恐惧，但对恐惧的厌恶之情却总是让我们沦为恐惧的奴隶，受其控制。

其实，每个人都有恐惧的事物，有的人天生恐高，距离地面稍有一点儿高度就头晕、腿软；有的人有密集恐惧症，害怕细小的密密麻麻的堆积的东西，只要看一眼，就浑身难受；有的人有洁癖，受不了一点儿的脏东西；还有的人害怕虫子，看到虫子就会吓得一蹦三尺高，恨不得悬在空中；还有人惧怕社交，他们害怕与人交流，进入人多的场合就会感到不适应，不愿出门，宁愿待在家里；还有人惧怕在公众面前讲话，只要在很多人面前说话，就会脸颊通红，说话结结巴巴……

心理学家发现，人类的很多情绪状态，不是全凭意志力就可以抑制的，恐惧就是其一。这或多或少使我们感到慰藉，感到恐惧不是因为缺乏自律，也并非软弱的表现。任何对抗恐惧的尝试都有可能失败，最后，这些失败的经历会使人感觉更加糟糕。

恐惧并不可怕，也不丢人，每个人都有自己无法战胜的恐惧。我们首先要允许自己的恐惧存在，因为它是我们自身的一部分，不要相信那些所谓的恐惧某些东西是因为怯懦，是因为你不够强大的说法。记住，怯懦也是我们自身的一部分，最强大的人也有弱点，也有害怕的东西。

不要把自己的恐惧和他人的恐惧相比较。恐惧心理是在自己的生活经历基础上产生的，其他人的恐惧是由他们的自身经历产生的。每个人的经历不同，感受到的恐惧也不一样。你害怕的东西，别人并不一定就会害怕。

恐惧本身并不值得让我们否定自己，否定自己的恐惧才会引发痛苦。美国作家丹·布朗说："人们花在逃避恐惧的心力，远比花在争取自己想要的东西的心力还多。"也就是说，逃避恐惧的事物比恐惧本身花费的心力还多。

曾经的我就是一个怯懦害羞的人，非常恐惧社交，不想和人有交集。在公司里，我总是那个低头在自己的工位上认真工作的人，为了避免遇上同事，要么最早到办公室，要么最晚到办公室，会故意和同事们岔开时间；中午要去吃饭了，会随时注意同事们要去哪儿吃饭，避免和他们选在同一家餐厅，或者直接说点外卖，不离开自己的办公桌；下班该回家了，同事们可能说说笑笑谈论着去哪儿吃饭，吃完饭去哪儿玩，这时候，我只想赶快回到自己的小窝；为了避免被同事们询问是否要一起，我要么早早地收拾东西下班，要么推说要加班，实际上等同事们都走了，我也就走了……为了回避社交，我时刻注意周围的风吹草动，生怕别人谈论自己、提到自己，一旦发现有这样的迹象，就赶快逃离。

但人生活在社会中，不可能孤立地存在。上班的时候，即使多么刻意地回避，我依然会遇到同事，每一次都会不知所措、眼神回避，即使打招呼也不能大大方方的，总是言辞闪烁，最终，我和同事们的距离越来越远，久而久之自觉无法继续在这家公司工作，于是辞职了。

离开公司后，我并没有任何怨言，我知道问题出在自己身上，我也知道症结所在。我决定正视自己的恐惧心理，既不否认恐惧的存在，也不回避它。

我承认自己确实在社交方面不太擅长，觉得和人打交道是一件比解复杂的数学题还难的事情。所以，我并没有勉强自己成为一个长袖善舞的人，我也不奢望自己能够成为一个左右逢源的社交高手，我只需要做我自己。

于是，再一次踏入职场，我选择了一份不涉及太多需要社交的工作，专注于自身喜欢的事情，同事之间可以只是点头之交，也可以互相笑笑，之后，我的整个生活都变得轻松愉悦起来。因为很少社交，节省了很多原本需要花在社交上的时间，让自己有更多的时间做感兴趣的事，我的工作也变得游刃有余，自身的业务能力加强，从而变得自信了许多，自然而然地，我也不再恐惧社交了。

其实，从我们呱呱落地的那一刻起，恐惧就伴随着我们，直至我们闭上双眼离开人世。我们总以为，那些成功的、优秀的人，都是无所畏惧的，因为他们敢想敢做。但其实，这不过是表象，任何人都摆脱不了恐惧。谁要是说自己毫不畏惧，或是想要粉碎、战胜、征服恐惧，最终都会以失败告终。

被誉为"现代恐怖小说之父"的美国作家洛夫克拉夫特说："人类最原始且最强烈的情绪就是恐惧，而最原始且最强烈的恐惧就是对未知事物的恐惧。"我们会恐惧，源于我们对事物的不了解。换一个角度看，也许恐惧本身并不总是不好的。

总而言之，不管是谁，一旦踏出了舒适圈，都有可能会感到恐惧。庆幸的是，你不必为恐惧而感到羞耻，只要能够正确地看待恐惧、处理恐惧，恐惧是完全可以被驾驭的。

○ 不要把时间和精力用在对抗情绪上

情绪就像是影子，和影子打架是永远不会赢的，只会让自己精疲力竭。只有承认它是你的，而不是强烈地想要对抗情绪，才能让自己坦然面对所有。

过去的很多年里，人们在衡量一个人的能力水平时，往往会把智商（IQ）作为一个标尺。然而，随着现代心理学的发展，人们发现，在人的智力商数以外，还有另外一个生命科学值得重视的参照元素，它就是情绪商数，也称情商（EQ）。

有些人天生聪颖，可在生活中一事无成，甚至把自己活成了孤家寡人，经济状况也很糟糕；有些人智商突出，却在人际交往方面一塌糊涂，遇到事情时没有任何人愿意帮他。正因如此，近年来屡屡出现高校大学生自杀的情形，他们有的是异国留学生，有的是中科院的博士后，就个人的智商和学历条件来说，都算得上是佼佼者，而他们选择轻生的原因，却大多因为不善于调节情绪，致使精神崩溃。

很多负面情绪的泛滥，都是源自我们总是习惯性地与自己对抗，因为我们不满意自己的某些方面，比如焦虑、失眠、自卑、胆小等。无法接纳现实、接纳自我，把时间花费在与情绪对抗上，结果你会发现对抗了一圈，生活还是老样子，甚至会让自己越来越颓废。

生活中可以很好地掌控情绪的人，往往不会把时间和精力浪费在对抗情绪上，而是懂得接纳自己的情绪，接受发生在自己身上的任何事，无论好的还是坏的。

相信大家都看过《阿甘正传》这部电影，我们都曾羡慕过荧屏中的那个"傻小子"活出了常人难以企及的精彩，佩服他对待生活和命运的态度。阿甘的 IQ 只有 75，可他有着一份坚定的信念，无畏童年伙伴的歧视和侮辱；在橄榄球场上肆无忌惮地奔跑，成为耀眼的明星；在越南战场里死里逃生，成为英雄；最后拥有了自己的捕虾船，成了亿万富翁。

阿甘是一个虚拟的人物，虽然 IQ 比较低，但正因为"想得少"，从不把时间和精力花在与情绪的对抗上，所以他的情绪状态一直很稳定，似乎不管什么问题，在他面前都不是问题。那些在现实中选择不归路的佼佼者，智商很高，但在如何与自己的情绪和平共处方面，却与阿甘有着遥远的距离。

从本质上来说，情绪管理的核心，是以最恰当的方式来表达情绪，而不是压抑情绪、封闭情感。没有人不会动怒、失控，但不是每个人都会让愤怒、失控的情绪以最糟糕的方式跑出来伤人伤己。我们要学会的是，用适当的方式对适当的对象，恰如其分地释放情绪。

或许你已经有所察觉，在诸多的情绪中，坏情绪似乎要比好情绪多得多，正因如此，我们总是在不知不觉中就会进入不良的情绪状态中。那么，是不是就意味着坏情绪都是不好的，不应该产生？掌控情绪就是要消灭或压抑这些坏情绪呢？当然不是！掌控情绪的前提，是认识和接纳每一种情绪，认识到人生中的每一件事都是在给我们提供学习如何让人生变得更好的机会。

有人曾尝试用抵抗的态度去阻止坏情绪的发生，回避因无法接纳自我而产生的痛苦感受，结果却只是徒劳，并激发了更加恶劣的情绪。当我们对自己有了负面想法，且经常感觉自己很糟的时候，往往会把情绪锁定在胃部一带，有一种沉甸甸的、略带恶心的感觉。面对这样的情绪，我们该怎么办呢？

其实，最好的办法就是彻底接纳自己，不要去给感觉和情绪贴标签或随意评断，不要用外在的眼光衡量自己的价值。无论你的表现怎么样，他人是否认同你，你都是独一无二的自己。你的思考、感觉和行为都处于变化中，不能用世俗的、一成不变的眼光来评判自己。

接纳分为有条件自我接纳和无条件自我接纳。有条件的自我接纳，是要求自己必须满足某种条件，才能够被接受、被爱，这是一种不健康的自我接纳，把自己的负面情绪看成不可接受和应受到谴责的。相反，在无条件的自我接纳中，虽然知道自己的情绪是不良的，但绝不自轻自贱，而是保持一种自尊的精神，认为有负面情绪也没什么大不了，这是人性的一部分。

无条件的自我接纳，往往能够促使个体的成长。至于那些认为自己没什么价值、陷入绝望中的人，多半都是把精力放在了厌恶自己的不足和批评自己身上。结果呢？这种方式并没有让自我感觉变好，而是把情绪拉入了更深的深渊。

当自己犯了某些错误时，责备或看不起自己，实际上是自我贬低。不要总想着"我本来可以做得更好，可是……"，要告诉自己："我不过是一个普通人，和许许多多的人一样，都会犯错误，有错误不要紧，我可以改进。""我做得不太好，但我不是愚蠢无能的人，也不是顽固不化。我如果沉浸在这个错误中，认为自己失去了价值，会更痛苦，更容易犯错。"

不与情绪对抗、自我接纳的基础是爱自己本来的样子，倘若无法做到无条件接纳自己，就会让我们抗拒自己的全部或是一部分，否定自己甚至会憎恶自己，不知不觉把自己淹没在负面情绪的海洋中。

我们认为颓废、悲伤、愤怒等这些坏情绪是不好的，拼命否定它们、隐藏它们、逃避它们、对抗它们，结果却与我们的愿望背道而驰。相反，接纳自己的坏情绪，知道坏情绪是每个人都有的，与自己的坏情绪和平相处，这样我们不仅能够保持自己内心的和谐，也能保持与他人的和谐。

○ 对情绪说是，就是对你的能量说是

　　假如你否认你一部分的情绪，就是否认一部分的自己，而当你持续压抑自己的部分能量，最终会变得枯萎和乏味，没有热情。

　　每个人都有情绪，不管你在这个社会中处于什么位置，情绪都会如影随形地跟着你。一个项目完成了，你会开心；工作遇到瓶颈，你会焦虑；期望变成失望，你会失落；被人误会、冤枉，你会委屈……这些情绪促使我们心潮起伏、思绪万千，我们的所有行为都会受其影响。

　　情绪是一种微妙的东西，说不清，道不明，但是又真真切切地存在，给我们带来不同的感受，比如快乐、温情、惊奇、悲伤、厌恶、愤怒、恐惧、轻蔑、羞愧等。社会心理学研究表明：任何行为都是情绪的结果，任何态度都是情绪的衍生品。无论是态度温和的

好性情，还是态度恶劣的躁脾气，都脱离不开情绪的支配。

情绪是一种主观体验，也是对现实的反映。不过，它反映的不是客观事物本身，而是具有一定需要的主体与客体之间的关系。凡是能满足人的需要和愿望的客观事物，都会让人产生积极的情绪体验；凡是不符合人的需要或违背人的愿望的客观事物，都会让人产生负面的情绪体验。

不同的情绪，会给人带来什么样的影响呢？

一家医院里住着两个患了同样病症的病人。甲的症状较轻，经过一段时间的治疗基本上已经痊愈；乙的病情较重，医生也表示无能为力，只好让他回家休养。

两个人同一天出院，由于医护人员的马虎，出院时把两份病情通知弄混了。结果，甲接到的通知是病重尚未痊愈，而乙接到的是身体基本痊愈。甲的心情一下子就跌到了谷底，觉得周围人一直在对自己隐瞒病情，病是无法治好了。乙看到通知书的那一刻，却格外轻松，开始以全新的态度去生活。

不久之后，病情基本痊愈的甲，身体状况开始出现恶化的趋势；而病重的乙，无论是精神还是身体，都感觉比过去好多了。而这一切，完全是情绪使然。

愉悦的心情能给人积极正面的刺激，消极的情绪会引发各种疾病，因此有人把情绪称为"生命的指挥棒"和"健康的寒暑表"。美国社会心理学家利昂·费斯廷格曾经说过："当人的行为与态度发生矛盾时，态度将改变，与行为保持一致。"这就是说，态度永远是跟行为保持一致的，比如抱怨是因为没有得到自己想要的利益而产生的坏情绪，而喋喋不休地埋怨就是为了与这种坏情绪衍生的态度保持一致而引发的行为。

情绪是一种内在的能量，不同的情绪有不同的品质，而恰恰是我们对待情绪的态度赋予了情绪的潜在能量。通常情况下，我们只知道用两种方式处理那些我们不太喜欢的情绪——压抑和宣泄。

这两种处理方式，对我们自身来说都是有害的。其实，每种情绪都有其存在的价值，只要情绪处理得当，对人都是有益的。打个比方，当你丢掉了一件心爱的东西，失去了一个心爱的人，必然会感到悲伤；当你的正当利益被他人侵犯，你自然会感到愤怒；当你迷茫不知所措的时候，必然会感到压抑……如果一个人对自己的生活毫无感觉，那的确很令人怀疑他是否懂得生命的意义，是否热爱生活。若有人受到欺负，却没有适度地表现出生气的情绪，无疑会助长对方的嚣张气焰，这并不是什么好事。

压抑情绪相当于慢性自杀，这是很多医生给我们的忠告。很多抑郁症患者，最明显的症状就是情感淡漠、生活颓废，对任何事情都提不起兴趣，也没有什么东西能让他的情绪泛起波澜。生活本是丰富多彩的，也会有汹涌澎湃的浪潮，只有热爱生命的人，才能体会到它的美好与壮丽。

对情绪的不当宣泄，对于我们来说也毫无益处。假如你用心感受，就会发现，当对别人宣泄完自己的情绪之后，你并不能很快地让自己平静下来，相反，仍会在很长一段时间内处于紧绷或烦躁之中。宣泄情绪并不能将我们的情绪干净而彻底地释放，让我们感到放松，反而会让我们衍生出一些新的情绪，内心也会因为这些新的情绪而备受折磨，或许会为自己的行为后悔或内疚，甚至因为懊悔和内疚，变得更加生气。

我们认为消极、悲伤、愤怒等这些坏情绪是不好的，拼命否定它们、压抑它们、逃避它们，结果却与我们的愿望背道而驰。越是否定它们的存在，它们就越扎根在我们心中；越是压抑它们，它们就越是想要自己迸发出来；越是逃避它们，它们就越是影响我们的生活。

平衡情绪的重点在于，认清所有重要的事情都源自内在，而不是外物。我们都要学会接纳情绪，接纳生命是有很多挫折的，接纳人生会有艰难险阻，接纳我们都会犯错。学会了接纳自己，对情绪说"是"，你就开启了情绪平衡的大门，就能从负面情绪中挖掘出隐藏的能量。

假如你发现愤怒、悲伤、恐惧其实都是一种能量，当这些能量向你袭来，你就能很好地利用这些能量，去改变自己的生活。比如，当你愤怒的时候，你可以利用愤怒的能量去把屋里乱七八糟的东西都清理一遍，花园的杂草、衣柜里闲置的衣服、橱柜上的油污，当你把这些东西都清理干净，被愤怒激发的活力也被消耗得一干二净，你的内心也就重归平静了；当你悲伤的时候，不妨让自己沉淀下来，看书、画画、写诗，就会发现，当你放慢自己的脚步，慢慢感受自己的悲伤时，也会感受到生活中不一样的美。

人类的情绪有上百种，痛苦能让我们回到此时此地的现实之中；内疚能让我们重新审视自己的行为目的；悲哀会让我们重新评价目前的问题所在，并改变某些行为；焦虑能引起我们的注意，多为未来做准备；恐惧则能动员起全部身心，让我们保持高度清醒，应付险情……这些痛感，从某种意义上来说，也是一种动力。任何一种情绪，如果能被妥善利用，都能让生活变得更好，对情绪说"是"，就是对你自身的能量说"是"。

　　总的来说，情绪本身没有好坏之分，只是人们缓解情绪的反应不同。如果你觉得情绪本身是坏的，是不可接近的，或是对它提前预设了立场，那必须纠正这个错误观念了。事实上，情绪是一种中性的力量，每个人都会有倾向于不同情绪的反应，这很正常，只要不过分，不必避讳，也不必过于敏感地进行干预。

○ 受害者心理只会让你的状况越来越糟

人生就是一个不断面对问题、解决问题的过程。困难可以开启我们的智慧，激发我们的勇气，为解决困难而努力，思想和心灵就会不断成长，心智就会不断成熟。

一般来说，把自己的生活弄得一团糟的原因有两种：第一种是内因，一切都是由自己的过失，能力不足，或者是没有全力以赴，抑或太容易放过自己、妥协命运造成的；第二种是外因，这种情况一般是外界的不可抗力，时机不对或者是他人的不配合。

因内因而总是失败的人容易自怨自艾，喜欢过度自责，甚至是自暴自弃；因外因而失败的人则喜欢抱怨人生、抱怨工作、抱怨老板、抱怨同事、抱怨别人不承认自己，埋怨社会中的机遇太少，总是怪天怪地，就是不怪自己，甚至把自己塑造成一个受害者，以求放过自己。

受害者心理只会让生活越来越糟糕，陷入泥沼越来越深。而抱怨则是世界上最无力、最浪费时间的一种行为。更可怕的是，这种心理还可能会在潜移默化中消磨我们的意志，让我们陷入颓废的深渊，混吃等死而不自知。

名校毕业的S是一个自负清高的人，凭着过硬的专业知识，毕业之后他顺利收到了一家世界500强公司的录用通知。刚毕业的小伙子，做事认真负责，又有激情，进公司没有多久，他就深得上司的赏识。

在工作中，上司也有意培养他，只要有好的机会，都会优先考虑他。可以说，他是同时进公司的新人里发展得最好的。

参加工作以来，S主导的几个项目，完成得都比较出色。但是，一次，他合作的项目莫名其妙地被竞争对手"截胡"。上司问责的时候，S不但不检讨自己，反而推责给其他同事。虽然这件事让公司蒙受了一定的损失，但是上司并没有严厉地处罚他。

但是S却过不了这个坎儿，觉得并不是自己的原因弄丢了项目，而是命运在捉弄他，市场、客户、供应商乃至同事都在跟他作对，都在伤害他，所有的人都想看他的笑话。受害者心理让他看谁都不顺眼，他每天都充满了负面情绪，就连项目失败后的善后工作也置之不理，动不动就和同事吵架，许多同事都受不了他的脾气，最终，原本还想给他机会的上司也对他失去了耐心，责令公司人事将他劝退。

生活中不乏像S这样的人，他们的思维就是典型的受害者思维。受害者的心理特点就是，永远都不会承认失败是自己导致的，认为自身的遭遇是外界造成的，认为上天不公，让倒霉的事儿总是落在自己头上，自己只是无辜的受害者。自己无力改变现状，只能把自己变成牢骚满腹的受害者，这是人性的弱点。

为什么人们很喜欢扮演受害者的角色？如果事情发生了，因为你是受害者，所以你就不必为这件事负责，人们会对你产生同情心，你也不需要对事情负责，因为有人替你收拾残局；你可以理所当然地展现你的无助感，也不需要对自己有任何期待，毫无疑问，至少从表面上看，做一个受害者是最不费力的事。

但是，受害者心态是一个充满诱惑的巨大陷阱，它会让你付出惨痛的代价，让你在遭遇麻烦的时候没有掌控感，也没有担当力，更会让你滋生一种绝望情绪。在我看来，没有什么比绝望更为悲惨的了。

假如你对一件事充满绝望，就会丧失对事情的掌控感，从而产生放弃的念头：一次考试失败，你就认为自己朽木不可雕，放弃了继续求学深造；找工作的时候遭到拒绝，于是你至此远离职场；年终没有评上优秀员工，你不想办法提升自己，而是辞职走人；当婚姻出现问题，你本想努力找回彼此的感情，但对方却对此不予理解，于是你放弃了努力，结果婚姻状况越来越糟糕……因为丧失对事情的掌控感，所以，我们只能让自己选择最无力的方式面对生活中的问题。

其实，你对生活中的事始终都有一定程度的掌控感，只要你不把自己当成一个受害者。

在漫长的岁月里，碰到一些棘手的问题，或者难以承受的灾难在所难免，可事情既然如此，就不会另有他样。如果我们不敢去面对，用各种借口和方式来逃避，只会让痛苦和焦虑变本加厉，与其苦苦折磨自己，不如鼓足勇气去坦然接受，直面所有。当你不再用受害者的姿态面对人生时，你就具备了解决问题的勇气，这个时候就会发现，许多事情并没有想象中那样可怕，你自身的能量也远远超出你的预期。

希尔顿说过："人要有远大的梦想，要始终坚信梦想可以实现。当一扇门向你关闭时，必有另一扇门向你敞开。关键在于你要把注意力始终放在即将开启的那扇门上。"

面对所有痛苦的体验，我们不能逃避，而是应该直面它。直面现实，不等于束手接受所有的不幸，但凡有任何能够挽救的机会，都要竭尽全力去尝试。即便发现形势无法挽回了，也要以积极的心态去规划以后的生活。

不要把一切想得那么难，人生最大的敌人不是外界的逆流，而是自己。当你肯定自己有这样的能力时，一种内在的力量就会爆发，它会助你在痛苦中升华，在接受中成长、成熟。任何绝望中都包含着希望，只要你的心不绝望、意志不绝望，生活永远都不会让你失望。

○ 在糟糕的境况中找出满意的事

　　人的一生没有最糟糕的时候，这个世界上也没有真正的绝境，只要你还充满希望地活在这个世界上，就能够在糟糕的境况中找到令你满意的事。

　　人生中最糟糕的境遇是什么？

　　失去心爱的人？被炒鱿鱼？受骗、失窃或者遭遇抢劫？亲人好友的离去？还是自身遭受病痛的折磨？不，这些都算不上最糟糕的，最糟糕的是失去了对生活的信心，任由自己颓废沉沦，而不知道自救。

　　我们总会忧虑还未发生的事情，无论将来事实是否如此，提前就开始发愁，会想如果事情发展成这样可怎么办好呢；或者一些不好的苗头刚出现时，就认为它不会变好了，自己解决不了，一开始就定下这是难以解决的问题的基调。其实，回想过去，好多当时认为不可解决的、要一生与之相伴的难关都迈过去了，变成生活路上的一块块小碑，昭示着你的勇敢、顽强与不可打倒。所以，多给自己一点儿肯定和信心吧！要知道，你比自己想象中坚强得多。

人的一生没有最糟糕的时候，这个世界上也没有真正的绝境，不要因为一时的失败就否定自己，断定成败，用平常心去看待人生中的起落，赋予自己面对挫折的勇气，只要你还充满希望地活在这个世界上，就能够在糟糕的境况中找到令你满意的事。

L小姐虽然出身农村，但是心气儿极高，她有一个远大的抱负，那就是带着村里的亲戚们一起致富。大学毕业后，她先是在一家培训机构实习，每个月有保底工资2000元，算是勉强解决了温饱。

实习结束后，虽然公司老板再三挽留，L小姐还是决定辞职，因为她觉得自己不能一直当一个发传单的人，这个工作任何人都可以做。于是，L小姐决定在网上继续投简历，简历上传到招聘网站后，很多公司向她抛出了橄榄枝，最终L小姐决定去C城的某个金融公司。

到了C城之后，L小姐怀着对未来美好生活的憧憬去公司报到。接待她的正是在网上跟她聊过的人事黄姐，黄姐热情地给她介绍公司的情况，她发现工作环境真的不错，同事们也非常平易近人，而打扮时髦的黄姐符合L小姐对都市白领的所有想象，她欣喜若狂。

但是令L小姐感到特别奇怪的是，连续一周，她都没有真正接触工作，不是听课培训，就是被同事带着到处玩耍，并拍一些美美的照片发朋友圈，L小姐虽然感觉事情有蹊跷，但是她并没有意识到自己已经落入传销组织的陷阱中。

一周之后，在黄姐的利诱之下，L小姐掏光了自己身上所有的钱，并在网上借了几万元交了入会费。接着就是上课，讲课老师的一套说辞似乎滴水不漏，更重要的是，经常有一些升到一定级别的老员工来给他们讲课，让大家看到光鲜亮丽的一面，觉得做到那个级别就肯定赚钱了。

L小姐坚信只要通过自己的努力，就会赚大钱，她执拗地认为这里就是她事业的起点。更可怕的是，在利益的诱惑下，涉世不深的L小姐将自己的同学、朋友都骗到了公司，还有几个远房亲戚。但是，他们发展得并不顺利。整整一年，他们都没有什么收入，到最后连吃饭的钱都没了。

无奈之下，L小姐只好选择离开。这些亲戚朋友们跟着赔了钱之后，都恨极了L小姐。自那之后，L小姐在村里背负了一身骂名。人们碰到她，背后都会指指点点，称她为"那个搞传销的""书读傻了的人"，认为她在外面读大学的时光，都是去做些见不得人的勾当。

那段时间，L小姐在亲戚朋友面前完全抬不起头。这是L小姐人生中一段最为惨痛的经历，一念之差，没承想钱没挣到，还让自己臭名昭著。因为悔恨和内疚，L小姐不知道暗地里流了多少眼泪。

经历了这样的事儿，换作一般人早已没有了心气儿，但是 L 小姐偏不认输。这两年在传销组织她也学会了很多东西，比如说演讲、组织活动等。现在的她，任何时候站在台上都能即兴演讲，脸不红，心不跳，还说得头头是道。她决定从自己擅长的方向入手，去专门搞企业培训的公司上班。

她从一个小小的文员做起，踏踏实实地去学习专业知识。把别人用于逛街、喝下午茶的时间用来看专业书籍，节假日也不敢浪费一分钟的时间。作为一个跨行的新人，L 小姐以最快的速度在公司站稳了脚跟。不久之后，L 小姐从文员升到讲师助理，又经过两年的沉淀，她成为公司的明星讲师。

当 L 小姐再一次回到家乡的时候，亲友们也知道了她在外面的成就，以前的事儿也再没有人提起了。如今，L 小姐已经是一个培训公司的高管，回忆往昔，她唏嘘不已："幸亏当时没有一直沉沦下去。我不相信自己这辈子就让一次传销经历给毁了！"

在坚强的生命面前，逆境并不是一种摧残，失败也并不意味着浪费了时间和生命，而恰恰是给了你一个重新开始的理由和机会。挫败和打击，是帮助一个人的心智从稚嫩走向成熟的过渡，让你深刻地体悟到，什么叫作"流过泪的眼睛会更明亮，滴过血的心会更坚强"！

一路都顺风顺水的人是幸运的，但生活中这样的人很少，大多数人都会被生活挥一挥拳头。有的拳头是恶作剧，只在你面前挥一挥，不和你近身接触；有的拳头绵软无力，挨一下就过，不痛不痒，你事后还会调侃一句："嘿！就这点儿力道吗？"有的拳头就像青壮男子挥出来的，迅猛且有力，打你个趔趄，甚至人仰马翻。只要生命延续，生活就会一直向我们出招……

但请记住：只要还活着，眼前的情境就不是最糟糕的！只要你勇敢地站起来，生命的价值不会因一次跌倒而改变。如果你真觉得自己无法面对挫折，那就想想人生不设限的库克，想想在奥运赛场上倒下又爬起来的运动员，想想从黑暗无声的世界中挣脱的海伦。他们会告诉你：挫折是完全可以战胜的。如果你觉得从来没有这么糟糕过，那不妨对自己说：反正不会有比这更糟的时候了。这时，你就会觉得心中豁然开朗很多，有了从零开始的勇气。

歌德说："苦难一经过去，苦难就变成甘美。"如果把人生比作一本存折的话，那么，每一次挫折都是一笔收入，经历过坎坷的人生才是充实的。

所以，挫折不可怕，有时候，这反而会带给我们莫大的益处，挫折带给我们的，不只是在遇见问题的时候学会千方百计地将困难解决，更让我们在此过程中不断地积累知识和见识，这是在任何书本或者任何老师那里都学不到的东西，是人生最宝贵的财富。

CHAPTER TWO 　第二章

找回内在的力量
——积极的心态是颓废的死敌

　　生活的魅力在于它的未知，你永远无法预知在未来的旅程中会碰到怎样的境遇，但你可以选择对待境遇的态度，还可以竭尽所能去为每件事安排一个好的结局。事实上，每个人都具备这种逆转人生的能力，前提是你有一颗积极向上、永不颓废的心。

○ 你需要看到事物光明的一面

你不能控制他人，但你可以掌握自己；你不能左右天气，但你可以改变心情；你不能选择容貌，但你可以展现笑容。决定一个人心情的不是环境，而是心境。

生活中总是有很多的烦恼，我们往往将困扰自己的事归咎于他人，归咎于外部环境，却从未想过从自身找原因。也许不是事情本身困扰着我们，而是源于我们自身消极的认知。

生容易，活容易，生活不容易。活在世间，我们都在努力地面对万事万物，工作的压力、生活的烦恼，每个人都会有，谁也不比谁过得容易。但是，就算是在相同的遭遇下，有人绝望到选择轻生，也有人笑着面对，像什么事都没有发生过，这一切的一切，与外部施加给我们的压力无关，很大程度上取决于自己的心态。

俄国文学家契诃夫在《生活是美好的 —— 对企图自杀者进一

言》中写道：

"要是火柴在你的衣袋里燃起来了，那你应该高兴，而且感谢上苍，多亏你的衣袋不是火药库！要是有穷亲戚上门来找你了，那你不要脸色苍白，而要喜气洋洋地叫道：'挺好，幸亏来的不是警察！'

"要是你被送到警察局里去了，那你就该乐得跳起来，因为多亏没有把你送到地狱的大火里！要是你挨一顿桦木棍子的打，就该蹦蹦跳跳叫道：'我多么幸运，人家总算没有拿带刺的棒子打我。'要是你妻子对你变了心，那就该高兴，多亏她背叛的是你，而不是国家。"

世界的黑暗与光明，内心的痛苦与快乐，完全在于自己对世界的感知。你越是去强调生活中的艰辛，就越会给自己找烦恼。假如有一天，当你在对待一件事的时候，总能看到光明的一面，把它的结局设想得更完美一点儿，就会发现，其实生活并没有想象中那么糟糕，只是你一直不曾发现而已。

你是否也听过这个故事？

相传，在很久很久以前，有一个皇帝非常迷信，认为任何事的发生都有一定的预示。一天晚上，他做了一个梦，在梦中，他看见山倒了，水竭了，花儿也枯萎了。这个皇帝觉得这一定是上天的某种警示，于是跟众大臣一起讨论这个梦预示着什么。

大臣们听后，忧心忡忡地说道："陛下啊，大事不好了，山倒了是指江山轰塌；君是舟，民是水，水竭了，意味着民众离心，不能载舟；花儿枯萎了，是指这繁华盛世好景不长了。"皇帝听了之后，寝食难安，惶惶不可终日，最后竟然因为过度忧思而患上了重病。

眼看着皇帝的病越来越严重，大臣们决定召集天下圣手来给皇帝看病。一天，一位大夫来到皇宫，看皇帝的脉象，发现并没有什么身体上的疾病，于是询问侍者究竟发生了什么事。侍者说了皇帝因为一个梦而忧虑，这位大夫一听，便俯身恭喜皇帝道："恭喜陛下，这是天降祥瑞啊！山倒了指天下太平，水竭了指真龙现身，陛下，你就是命中注定的真龙天子；花谢了就该结果了，百姓将会丰收，国家也会更加富强！"听完这位大夫的话，这位皇帝一下子豁然开朗，他的病很快就好了。

一个梦，两种解释，不同的解释带给皇帝的影响也是不一样的。每件事情都有两面，我们应学会用积极的眼光去诠释身边发生的事，当你对发生的事抱有积极的态度时，事情也会朝着积极的方向发展；反之，对事物抱有消极的态度，结果也必然是消极的。

苏格拉底单身时，和几个朋友一起住在一间七八平方米的小屋里。见他总是乐呵呵的，有人问他："和那么多人挤在一起，有什么可高兴的？"苏格拉底说："朋友们住在一起，随时能交流思想、交流感情，不值得高兴吗？"

后来，朋友们陆续成了家，先后搬走了，就剩下苏格拉底一个人，可他每天依然乐呵呵的。又有人问他："你孤孤单单地在这里住着，有什么可高兴的？"他说："我有很多书，每本书都是一位老师，和这些老师在一起，可以随时请教，怎能不令人高兴？"

几年后，苏格拉底也成了家，搬进大楼，住在一层，其乐融融。有人问他："楼上总是掉下来东西，你住在这里，怎么还能这么开心？"他说："一层很好啊，进门就是家，搬东西方便，还能在空地上养花、种草。"

又过了一年，苏格拉底把一层让给了一位偏瘫的老人，自己搬到顶楼去，可他还是很开心。朋友问他："住顶楼有什么好的？"他说："好处多着咧！每天上下楼几次，有利于身体健康；看书、写文章时光线好；没人在头顶上干扰，白天夜里都安静。"

再后来，有人遇到苏格拉底的学生柏拉图，问他："你的老师总是那么快乐，可我觉得，他所处的环境并不那么好呀。"柏拉图说："你不能控制他人，但你可以掌握自己；你不能左右天气，但你可以改变心情；你不能选择容貌，但你可以展现笑容。决定一个人心情的不是环境，而是心境。"

拿破仑曾说："我是自己最大的敌人，也是自己不幸命运的根源。"周围的世界是什么样子，取决于我们是什么样子；我们是什么样子，取决于内心是什么样子。一味地沉浸在不如意中，只会让处境变得更艰难。很多时候，世间事就只在一念之间，凡事多往好处想想，就不至于掉进生活的泥沼中苦不堪言。

在人生的巅峰时刻，眉开眼笑固然容易，但真正能让快乐持久的，却是能在挫折和困难面前笑出声来的人。生活不相信弱者的眼泪，它只会对积极的人微笑，在这个处处都有羁绊的世界里生存，唯有保持一份乐观的心态，看到事物光明的一面，才能不动声色地对抗世间所有的强硬，让自己远离颓废而消极的状态。

○ 走出孤岛，与他人建立联系

人类是世间最鲜活的生命，我们的灵魂因为与他人的碰撞而变得更加丰富。与温暖而充满正能量的人建立情感的链接，你也会变成一个热爱生命、温暖而有爱的人。

大仲马的《三个火枪手》可以说是非常伟大的一本书，这本书的故事并不复杂，主要讲述了几个朋友之间不离不弃的故事。虽然他们在一起时相互捉弄，相互取乐，甚至互相伤害，可是真正在对方遇到困难的时候，他们却不离不弃，宁愿舍弃自己的前程，也不愿意牺牲友情。因为对于故事中的主人公来说，没有什么比朋友之间的友谊更为可贵的了。

爱因斯坦说："世间最美好的东西，莫过于有几个头脑和心地都很正直的真正的朋友。"

事实的确如此，人生在世，如果一个人连一个朋友都没有，那一定是寂寞的、苦闷的，生活也是沉闷的。

人类是世间最鲜活的生命，我们的灵魂因为与他人的碰撞而变得更加丰富。假如不懂得接纳他人，把自己封闭在一个狭小的孤岛上，久而久之，你必定会丧失对生活的热情。人想要永远保持鲜活，拥有真正的力量，必须走出孤岛，与他人发生联系。

X先生在某知名网络公司做程序员，30岁出头的年纪，却活得像一个老人。X先生没有任何社交，不管是网络社交还是现实社交，他都非常排斥。

X先生把绝大部分时间都用来工作，在他看来，要把自己的事情做得十全十美，就得与他人保持一种不带任何感情色彩的关系。于是，为了让自己把工作做到完美，他克制着自己的感情，在公司工作了好几年，别说是关系好一点儿的同事，就连点头之交都没有。

更让人觉得不可思议的是，30多岁的人，连一个女朋友都没有谈过，和他打过交道的人，都觉得他的身上没有人味儿，就像一个只知道工作的机器人。

或许一直这样做一个工作狂也罢了，可X先生毕竟还是一个活生生的人，他的内心世界也有情感，在很多个孤独的夜晚，X先生也会有孤单、恐惧、焦虑、不安、不满等情绪，他也想找到一个释放的出口，但是他没有一个可以倾诉的人，最终，所有的负面情绪他都只能自己消化。

现实生活中，像这样的没有一个伙伴或知己的人早已经不足为奇，许多人都吐露出他们没有一个可以完全信任和倾诉心事的亲密的朋友，更可悲的是，他们无法让自己走出孤岛。没有朋友，没有友谊，结果陷在孤单的旋涡中，不幸的也是自己。

Lisa 是一个外贸公司的高级白领，她是公司有名的"拼命三娘"，就是这样一个在职场上所向披靡的人，也无比渴望真正的友谊。Lisa 不止一次地说道："我有不少生意场上的朋友，但无一是可称得上知己的，我感到十分孤独。偶尔心血来潮，毫无缘由地打电话，结果仅仅是问个好，谈天说地的事从来没有过——根本就没有这样一个对象。我真希望有一个知心朋友，一起逛街、喝下午茶、看电影、吐槽男朋友。"

显然，人们在交往过程中自始至终受着约束，但他们不愿意让别人知道自己的弱点——胆小、拖延等，怕被人视为懦夫，表现得像只会一味怨天尤人的失败者，使他人对自己失去兴趣和尊重。同时，他们也不愿意与人分享成功的喜悦，怕这样一来会引来别人的竞争、嫉妒，或怕被别人理解为狂妄而受到指责。

很多成年人都承认：过分亲近配偶之外的另一个人会引起对方的警惕和怀疑。只要一个人向另一个人表露出热情，后者必然有所防范，头脑里马上冒出一个可怕的念头："这家伙到底想从我这儿得到什么？"所以，大多数成年人都渐渐把寻找伙伴看作不成熟的表现，或干脆当孩子气处理。然而，偶尔碰到孩提时代的老伙伴时，他们潜在的寻找友谊的热情，便会在彼此热烈的反应中暴露无遗。而这种友情的返璞归真，说明人们内心深处还是渴望友谊的。

可是，在现在的社会中，我们却深切地感受到，人们只有在为共同的目标奋斗时，彼此之间的关系才能和谐、亲密，好像没有利害关系，彼此就是陌生人似的。这是一个可悲的讽刺。十来岁的孩子走到一起，就能组成一个球队，同心协力去击败另一个球队；成年人却只有在战火纷飞的年代才会团结一致，面对共同的敌人。大多数情况下，人们彼此之间总是处于战备状态，他们的谈话很少涉及各自心中的秘密。内心世界的封闭使人们无法通过情感交流建立真正的友谊，而友谊的缺乏使现代人陷入一种强烈的孤独感中。因此，有些心理学家呼吁，哪怕是成年人，也应多交朋友，敞开友谊之门，接纳对方。只要你敞开心胸，就不愁找不到真正的朋友。

为什么要这样说呢？因为友谊是一种相互关心、同甘共苦、彼此相爱的深厚情谊。和别人不能说的话，和朋友却可以说：当自己苦闷失落时，能一起排忧解难的，是朋友；有了喜悦，首先想到要与其分享的，还是朋友。没有友谊、没有关心、没有爱的人生是孤独的、不健全的人生。所以，我们应该多结交有价值的朋友，互相勉励，互相帮助，互相分享成功的喜悦，互相分担失利的苦痛，这样我们就不会经常陷入孤独的包围之中。

来到这个世界上，谁也不是一座孤岛，谁也不是独自存在的，我们需要他人，正如他人也需要我们一样，只有融入社会，成为社会中的一分子，承担起自身的社会责任，我们才能拥有一个健全的人格，过上正常幸福的生活。

○ 总是内疚会让你的心态崩溃

我们总会对别人表现出宽容，却不懂得仁慈地对待自己。面对自己的失误，与其深陷自责，不如积极调整心态，让事情的结局往更好的方向发展。

人的一生中，势必会遇到各种各样的麻烦，其中有一些的确是自己造成的。可是，如果我们总是深深地自责、内疚，一辈子扛着一大袋子的罪恶感过活，又如何能够活得快乐？

祥林嫂就是一个典型的例子。祥林嫂有着一段悲惨的遭遇，她由于疏忽没有看好自己的孩子，导致孩子被狼叼走。从此，这件事就成了祥林嫂生命中最深的痛、最大的悔恨。每天，祥林嫂都对周围的人喋喋不休，她的怨声载道、她的后悔不已并没有获得他人的同情和怜悯，她得到的只有冷漠与嘲笑。最后，不知所措的祥林嫂渐渐地远离了人群，变得沉默寡言，终于在除夕夜里带着她的内疚和悔恨，凄惨地死去。

祥林嫂所有的症结都只源于一点，就是不肯宽恕自己。在出现心理创伤之后没有及时走出心理阴影，悔恨交加的情绪积压在心里，耗竭了心力，导致精神世界彻底崩溃。

祥林嫂只是鲁迅先生笔下虚构的人物，可生活中像祥林嫂一样的人并不少见。不小心将碗打碎了，一遍遍地念叨："我怎么那么笨，连这点儿小事都干不好！"工作失误，对着镜子说："你真是个废物！"钱包丢了，难过得几天不吃饭，总强调："假如我能细心一点儿，就不会让小偷得逞，这一切都怪自己心太大。"这样的小事实在太多，不胜枚举，甚至，我们没忍住在公众场合打了个嗝，就对自己大发雷霆。

尽管我们总是在指责自己，却并没有让生活变得更好一点儿，我们的内心也没有感到如释重负，反而会更加内疚不已。这样的结局，一定不是你想要的。所以，对于一些失误，我们要迅速调整那份有些失控的心态，勇于担责，也要懂得宽恕自己，为自己的心灵松绑。

A和B是两个工程师，有一次，他们一起承担了一个研究项目，在即将完成的时候，他们做了一次实验。让人意想不到的是，这次实验竟然失败了。

在这次实验中，他们发现了一些事先未曾想到的问题。面对突如其来的失败，A感到很自责，甚至开始怀疑自己的能力。而B的态度却完全相反，他很庆幸这次失败只是出现在实验中，而不是出现在项目投入之后。倘若等项目投放到实际运作中之后再出现错误，他们承担的后果会比现在糟糕百倍。这样一想，B就更坚定了要排除所有问题的决心，并将全部精力投入了对项目更深一步的研究中，最后顺利完成了这个项目。

当你做错一件事的时候，过分自责内疚，或者是推卸责任，并不能让你获得掌控感，只会让事情越来越糟糕。然而，从你接受这个结果，并决定对结果负责的那一刻起，你对事情的掌控感就会随即增强。这种掌控感会促使你去做一些积极的事情，把结果的影响范围降至最低，并打破你潜在的无助，找到解决问题的最佳方法。

在总是自责内疚的人身上，我们看到了这样一种思维模式：一旦有不好的事情发生，就把责任归咎于自己。在心理学上，这种凡事都认为是自己不对的想法所引起的情绪，叫作"负罪感"。这种情绪伴随的观念就是：都是我的错，才会把事情变得很糟糕。当负罪感产生时，总觉得自己对所做的某件事或说过的某些话要负有责任，觉得自己不该如此。这种情绪批判的不只是自己的行为，同时也批判了整个人。

"如果……那么……"的思维模式，是导致负罪感的重要原因。比如，"如果我再瘦一点儿，那么他就不会离开我""如果我再努力一点儿，那么晋升的人就是我"。这种思维模式的危害在于，它跟现实毫无关系，只存在于主观的推断中，却严重影响了自尊和自信。

我们可以先看一个针对美国大学生的调查。研究人员要求学生们记录一件"给他人带来巨大喜悦的事情"，结果很有意思：学生们对自我的不同看法，明显地影响到了事件的叙述。高度自信的学生描述的情形多半是基于自己本人的能力给他人带来的快乐，而那些缺乏自信的学生记得更多的是分析他人的需求，在意他人的感受，他们强调的是利他主义，而自信的学生强调的是自己的能力。

这就告诉我们，缺乏自信的人总是把他人的需求放在第一位，从而忽略了自己的能力和正常需求，继而萌生出一种心态：一旦事情出了问题，就把责任归咎于自己，因为没有满足他人而感到愧疚。这样的思维模式很容易让人产生自我怀疑和焦虑抑郁的情绪，因为背负着强烈的愧疚感，让生活和心情都变得很沉重。

如果你也是这样的人，那你应该想一想：那些谴责有什么意义？在现实生活中，自责会影响自信的建立，给心灵增加负担，饱受内疚感和羞耻感的折磨。要改变这一切，就得增强自我意识，告别"我应该""我后悔""我不喜欢自己"的思维模式。

把注意力从那些让你感到自责的事情上移开，去做你内心深处非常想做的事情，比如读一本小说、听一场音乐会，全身心地投入那件事情，不去想结果和成绩，只享受过程。心理学实验证明：全身心投入一件事情，能给人在精神和体能上带来帮助，并能消除人们对自己的不满情绪。在帮助他人的问题上，不要只关注他人的需求，无条件地付出，要用自己的热情和能力给予他人适当的帮助，找到自我满足感。

实事求是地评价自己在各种事情中应当负的责任，不要盲目夸大自己的"破坏力"。这样才能让自信心得到保护，也能更好地处理生活中的挫折，摆脱负面情绪的困扰，让自己与颓废说再见。

○ 不喜欢的事，你可以说"不"

勇敢说"不"，遵从自己内心的真实需求，你会发现生活将轻松许多。生活要过得轻松自在不拧巴，最基本的要求就是不和自己过不去。

说"不"究竟有多难？大多数时候，一个"不"字很可能就会让我们陷入两难的境地，说了会觉得不好意思，怕得罪别人，不说又觉得自己憋屈，于是日子过得越来越拧巴，心情也变得越来越糟糕。当你遇到自己不想做的事情时，你会勇敢地向对方说"不"吗？

生活中，大多数内心善良且软弱的人都不太懂得拒绝，每每心里说的是"不"，出口的却是"好吧"。其实，我们的内心深知这件事应该果断拒绝，但是经不住别人的再三纠缠，最后还是违心地接受了，最终的结果就是憋屈地去做自己原本不想做的事，让自己的时间被讨厌的人或事占用，这样的感觉非常糟糕。

带着憋屈的心态去做一件事，往往结果会不尽如人意，最终落得个自己委屈，别人还不见得承你情。如此一来，你会更加憋屈，一切消极情绪都会在这个时候找上你，你会发现你的生活将变得一团糟。

前段时间，和一个朋友喝下午茶，她告诉我她这段时间比较焦虑，过得很辛苦，事情的起因就是买保险。

朋友的一个表姐当了三年的全职太太，孩子上幼儿园后她开始做保险业务，因为前三年都全职在家，她根本没有自己的人脉圈子，于是朋友成为她的重点照顾对象。几乎每天，她都会给朋友发微信，不是介绍她们公司的产品，就是给朋友普及保险知识。

那段时间，朋友的生活简直是一团糟，感觉如果自己不买保险，明天就会遇到意外一样，过得特别焦虑。

最终，朋友决定为自己买一份重疾险。于是让表姐为她做了一份计划书，与此同时，她自己也找了另外一家比较大的保险公司，让他们也给她做了计划书，因为表姐所代理的保险公司没有多大知名度，这一点让她心里很不踏实。最终对比发现，两家的产品差不多，朋友选的公司稍微贵一点。虽然朋友知道买保险要买自己适合的产品，而不是公司，但是在产品相同、价位差不了多少的情况下，为什么不选择口碑更好的公司呢？

于是，朋友向表姐说出了自己的想法。但是表姐依然坚信自己公司的产品各方面都比朋友选的那家公司好，而且还便宜一些。然后表姐一再强调她是为了朋友好，并不是为了挣那点儿保险代理费。朋友明白，话已至此，如果她真的坚持了自己的选择，这对她们之间的感情肯定会有影响，于是朋友做出了违心的选择，在表姐那里买了一份保险。

原本买一份保险算是为自己买了一份保障，但是买了保险之后，朋友并没有想象中的放松。虽然她这一个单子只是解决了表姐的燃眉之急，支持了表姐的工作，但是她要为此买 20 年的单，这是一笔不小的数字，想着自己未来一辈子的保障都交到了一个她并不信任的公司，她的心里就有点堵得慌。

生活中，我们都会遇到各种各样的道德绑架，很多人喜欢打着为我们好的名义把自己的意愿强加在我们身上。在我看来，面对一些违反自身意愿的要求，无非就是两种结果：

一是违心应允。明明心里很不情愿，但是由于种种原因最终却被别人掌控，答应了别人的无理要求。遇到这样的情况，大多数人都会选择委曲求全，但是我想说的是，这样的处理方式最不可取。就像朋友一样，碍于情面在表姐那儿买了保险，可是买了保险之后呢？她又担心自己的决定是一个错误，从此让自己陷入矛盾与懊悔之中。

二是委婉拒绝。拒绝别人的确会让我们为难，但是假如对于超出承受范围之外的事，如果我们不一开始就委婉拒绝，那么接下来可能就会出现更多的麻烦，与其把自己推入两难的境地，不如从一开始就掐断源头，勇敢地说"不"，这也是一种规避逆境的方式。

对于大多数人来说，生平最不愿意做的事情就是拒绝别人，因为我们的父母从小就教育我们，做人要有情有义，"仁义"是做人的根本。可是，很多时候，别人会利用我们的"仁义"，给我们制造难题。

喜剧大师卓别林曾说："学会说'不'吧！那你的生活将会美好得多。"很多人说我也想说"不"，但总是说不出口，害怕因为拒绝而失去朋友，害怕好不容易建立起来的人脉关系分崩离析。其实，能因为这样的事而与你产生嫌隙的人根本就不是朋友，更何况别人没有我们想象中的玻璃心，当他们向我们提出不合理要求的时候，就会想到自己有可能遭到拒绝。

帮助他人是一件让人快乐的事，但是也要尽力而为，能帮的尽量帮，不能帮的也不要太为难自己。说"不"是你的权力，任何事情都有时间成本，我们大可不必把自己的时间和精力浪费在不喜欢的人和事上。

勇敢说"不"，遵从自己内心的真实需求，你会发现生活会轻松许多。生活要过得轻松自在不拧巴，最基本的要求就是不和自己过不去。

○ 正确对待别人的批评

接受批评的能力与内心的能量成正比，也就是说，一个人的内心越强大，更能从容地应对批评，反之，内在能力不足的人往往不能坦然地面对批评。

生活中，很少有人能大方地接受批评，因为谁都喜欢听好听的话，没有人可以例外。当面对批评、质疑以及各种不利声音的时候，我们会感觉遭到羞辱，受了委屈，立马想方设法找理由反驳回去。为什么我们会如此抗拒别人说自己不好呢？

首先，批评肯定是自身的缺点和不足引起的，遭受批评也可能会让自己的自尊心受挫，从而产生自卑的感觉，如果内心不强大，没有足够的自信来消除这种自卑感的话，我们就会对这个批评不予接受或者做出反抗。也就是说，我们难以接受批评，是因为我们内心深处或多或少地隐藏了一种自卑感。

其次，当听到别人的批评时，我们内心预期的承受能力与实际需要承受的压力处于不平衡的状态，这个时候，我们就会无法及时处理遭受批评的焦虑情绪，内心就会本能地反驳批评，用不接受批评来保护自己，以此逃避眼前所遭遇的挫折。

总之，批评之所以不好接受，是因为我们的内心世界把它定义为挫折，以至于我们本能地想要把它制服，所以，反抗是对批评的即时反应。

接受批评的能力与内心的能量成正比，也就是说，一个人的内心越强大，更能从容地应对批评，反之，内在能力不足的人往往不能坦然地面对批评，对于这样的人而言，任何批评都会是一场灾难。

F小姐就是一个有点玻璃心的人，这一点让她在工作上吃了不少"苦头"。

F小姐在一家杂志社做编辑，她勤恳踏实，业绩也不错。后来，主编为了提拔她，便在工作中给她增加了难度，让她自己开发选题、做采编等。难度大了，问题肯定也就多了，出错的概率也会大一些。

作为负责人的主编，发现下属的错误自然有义务提出来，但F小姐却经受不住了。她听见主编说自己近来做的选题和文章有点太单一，少了些许新意，心情便一落千丈。她认为主编把难题给了自己，在时间那么紧张的情况下还挑三拣四，分明就是"针对"自己。虽然话没说出来，可她心里却很难受。

接下来的那段时间，但凡主编说句稍微带点儿批评和提醒的话，如"最近是忙了点儿，大家要坚持一下，工作时不能懒懒散散的"，她都觉得是在暗指自己；就连表扬同事某个项目做得好，她听了也难受，倒不是嫉妒，而是觉得主编的潜台词是指责自己做得不好。

每天心里背着这么一个大包袱，F小姐的工作做得越来越没意思，出的错也越来越多，她都不知道自己该不该继续做下去。继续做，心里很纠结，总觉得别人处处针对自己、不认可自己；辞职吧，心里不服气，总觉得这就等于承认自己能力不行。

生活中有很多人和F小姐一样敏感脆弱，一句出于好意的批评，就能把他们的自尊心击得粉碎，如此一来，如何能把事情做好？其实，受到批评是很正常的一件事情，而大多数批评也是善意的，这些善意的批评往往能帮助我们快速成长。正如诗人惠特曼所说："你以为只能向喜欢你、仰慕你、赞同你的人学习吗？从反对你的人、批评你的人那儿，不是可以得到更多的教训吗？"

电影《穿普拉达的女王》给我们讲述了这样一个故事：一个初入职场的女孩遇到了一个严厉的上司，虽然那位上司冷酷、自负、不近人情，但女孩还是在上司的影响下一步步地成长着、蜕变着，她的变化令身边的每一个人都感到惊讶。最终，她从一个质朴的女学生，转化成一名优雅的职业女性。虽然说她的成就离不开自己的努力和勤奋，但如果没有那个冷酷严厉的上司，她还能够成长得如此之快吗？

所谓忠言逆耳利于行，不是谁没事就会找你的毛病，肯给你建议或者与你有不同意见的人终归是为了让你变得更好，所以，你还有什么理由耿耿于怀呢？

世界上没有完人，谁都有缺点，谁都会犯错，关键是如何面对别人的批评。当别人指出自己的错误时，一定要用谦虚谨慎的态度去对待，别人说得对那就要听从意见，努力改正，将别人的批评当成一种动力。

当你学会把批评视为一面镜子，并不时地拿起来照照自己的时候，就会在不经意间发现，你已经比过去的自己成熟了很多，也进步了很多。更重要的是，你还可能因为谦虚而取得意想不到的成就。

当然，我们也不能一味地认为别人的批评就是对的，从而失去了自我。任何人对于我们的了解都是片面的，所以，他们的主观判断也会失之偏颇，在接受任何批评的时候，我们都要学会甄别。

对于那些善意的批评要虚心地接受。比如说当别人指出自己身上的缺点，或者在自己做错事的情况下，对方的批评只是希望你可以改正错误，这不是无端的指责，而是善意的批评，所以不要把好心当作驴肝肺，习惯性地反抗，甚至是恼羞成怒。

面对恶意的指责、不符合实际情况的批评，我们可以不屑一顾，置之不理。比如说有人自己无法完成一些事，在你做这件事的时候，就喜欢故意给你泼冷水，或者是你没有按照别人规定的方式生活，他就胡乱指摘你的生活方式，对于这些不利于自身成长的批评和指责，你就当没有发生过，不解释，不反驳，走自己的路，让别人去说。

总之，不能大方地接受批评是非常正常的一件事，所以也不要给自己施加过多的压力。试着接受所有的声音，有则改之，无则加勉。当你把所有经历都当作人生路上的财富，慢慢接受那些你曾经接受不了的人和事之时，你就会遇见更好的自己！

○ 凡事适可而止，不要苛求完美

我们左右不了外界的一切，但我们可以左右自己，当生活出现变故，让原本美好的东西变得不那么美好时，我们只要继续坚强地生活，做好自己该做的事。

有时，人的思维会陷入一个怪圈，认定某种生活、某种状态就是完美的，假如自身所处的环境与自己认定的不相符，就会陷入颓废沮丧当中，做什么事都感觉没劲、没有意义，似乎必须把生活规整到自己打造的模子里，才能正常地生活，否则，心就像猫抓一样难受。

对完美的追求，让我们像着了魔一样，不顾一切。当某一天，你不得已退到怪圈之外，有机会从另外的角度来审视自己曾经一手打造的完美时，才恍然大悟：让自己着魔的那些事，不总是那么美好；让自己不屑的那些事，也不总是那么不堪。

谢尔顿是美剧《生活大爆炸》里的一个角色，他是一个智商比常人高，可情商却低得可怜的物理学家，他不懂得基本的人情世故，也不知道如何与人相处，极致的完美主义让他的生活枯燥而乏味。值得庆幸的是，他是一个心地善良的人，不管是剧中人，还是追剧的观众都对他比较宽容。

谢尔顿的完美主义近乎病态，他过着循规蹈矩的生活。比如，每天他都要按照自己设定好的食谱吃饭，周一吃泰国菜，周二吃中国菜，他还要求室友们也这样做。如果哪一天，他常去的那家餐馆换了菜谱，他肯定掉头就走。在他心里，唯有按照自己设定好的方案过每一天，才算完美。

上天总喜欢捉弄人。有一天，谢尔顿发现自己家中被盗了。失窃案发生后，谢尔顿心神不宁，连续好几个晚上都睡不着觉，他倒不是心疼自己丢了什么东西，而是因为小偷的光顾打破了他心中的完美，他坐在家里左看右看，怎么看都觉得不顺眼，似乎到处都是缺憾。为了消除这种不好的感觉，谢尔顿请同一所学校里研究天体工程的朋友帮自己在室内布满防御系统，并且加固了房门。

按理说，都把家里"保护"成这样了，应该安心了吧？可事实根本不是这样。谢尔顿每天还是睡不着觉，在屋子里四处走动。有一次，他正在写日记，记录自己不安的心情，室友不小心撞翻了台灯。谢尔顿反应很激烈，连忙到客厅里检查所有的设备是不是完好，没想到却被门口的电网罩住了。还好，他没有受伤，可这件事之后他便决定离开这个不完美的地方，到一个安全系数高的城市里生活。

谢尔顿不断地搜寻资料，在地图上排除一个又一个不符合心愿的城市。最后，他选中了一个寒冷的地方。他简单地收拾了一下行李就出发了。刚到火车站，谢尔顿就遇到一个愿意帮他拿行李的"贵人"，单纯的谢尔顿连忙道谢称赞，感叹这个城市友好互助的民俗风情，可就在这时，那个帮他提行李的"贵人"竟然拿起他的行李跑了，原来那是一个抢劫犯。可怜的谢尔顿只好又回到原来住的地方，他的朋友们正围坐在客厅里，吃着不受他限定的晚餐，看着新买来的电视机，开开心心、笑声不断。

谢尔顿是多么典型的完美主义者啊！苛求自己和朋友过循规蹈矩的生活，还自认为如此才算完美。可事实上，他所追求的完美在别人眼里没有任何新意，反而是一种束缚。当然，抱着这种态度过活的他，最终什么也没得到，只是白白给自己找麻烦，还失去了更多。

心理学上把谢尔顿这样的完美主义，称为强迫症，即强迫性思维和强迫性动作。这种情形在生活中很常见，只不过很多人忽略了而已。比如，很多人在邮寄出东西和信件之后，无端地怀疑自己写错了地址、电话；出门之后总担心自己没有锁门，甚至返回去看看。他们的理智无法摆脱自己的一些想法、情感和动作，越是想控制它，它越出现，以至于导致产生焦虑、抑郁的情绪，严重时就会像谢尔顿一样影响正常的工作和休息。

完美本就是一种虚无的东西，你永远不可能让周围的人和事都符合你的意愿，假使你觉得自己很完美，自己的生活方式很完美，也只能说你自视过高，当局者迷。这样生活下去，非但不能拥有更多，反倒会弄得一事无成，一无所有。

适度地追求完美，可以说是一种积极向上的生活态度，可一旦过分地要求完美，非完美就郁郁寡欢、颓废低迷不已，那就属于病态之列了。或许，在自己看来，生活有规律，事事有计划，纵然身心俱疲也值得坚持，可那是因为你身在其中，自我感觉良好。殊不知，你的规矩多，会让身边的人感到束缚和压抑，他们起初会对你忍让迁就，可时间长了，都会受不了你的条条框框。

过分地奉行完美主义，会无法承受生活中的变故，但是生活不可能一成不变，总会有这样那样的意外，我们会不可避免地遭受外界的冲击，当生活脱离原定的轨道，我们还一如既往地固守原本的行为方式，冲击也会变本加厉。

生活充满了太多的未知，可这也正是生活的魅力之处。认真想想，如果生活中的一切都变成已知的了、可以计划的了，虽然可以让你按部就班地过活，让你生活得更加有安全感，可伴随着未知带来的所有惊喜、感动也一并消失了。真是那样的话，生活也就不能称之为生活了，充其量就是一种自编自导自演的无聊电影。

所谓生活，就是感悟的旅程，如果你能以一种独特的方式来观察世界，你会发现在这个世界上，无处不存在着让人惊喜的东西。同样一种事物，从不同的视角去看是完全不同的。同样一种事物，从一个角度上看是灾难，换一个角度看可能就是幸福。而所谓的完美，不过是一种海市蜃楼，让你永远看得见却摸不到。一味追求它，你不仅会一无所有，甚至还会将你原本拥有的一切积极的、正能量的东西扼杀！

○ 永远不要贬低你自己

在所有缺点中，最无可救药的是轻视自己。我们每个人都应该重视自己，重视自己的感受。永远不要轻视自己、贬低自己。

法国作家蒙田说："人无论怎样的低微和粗鲁，都会有某种特殊的才能可以闪光。人的才能不论埋藏得多么深，都会在某个地方显露出来。一个人对所有其他的事情都可以视而不见、无动于衷，但是会对某个东西兴趣盎然、明察秋毫、十分关心，如果想要弄清楚其中的原因，就必须请教我们的老师。"

我们贬低自己、轻视自己其实是对自己没有正确的认知。通常自我贬低的人都会低估自己以及自己的能力，不相信自己，而且由于害怕失败，会轻视自己的努力。但这样的想法，会导致一个恶性循环。

轻视自己，不相信自己能获得成功，做事时必然持一种悲观消极的态度，遇到问题只想放弃，不认为靠自己的能力可以解决，最终的结果也必然是失败。

在人际交往中也是如此，我们总是认为自己不够好，自己太差劲了，一定没人会喜欢自己。遇到有人向你表白，第一反应不是高兴，而是觉得自己这么差劲，不配得到别人的喜欢；遇到同事，会认为自己这么平庸，他一定不会想和我打招呼；当上司安排任务时，认为自己不够优秀，这项工作肯定不会安排给我。

实际上，那位追求者默默关注你很久了，认为你做事认真，非常喜欢你身上的这种品质；那位同事觉得既然大家都是同事，出于礼貌刚想和你打招呼，你却急匆匆地低头而过；上司认为你最近工作认真，正考虑是否把这项工作安排给你。

Alice 是所有同事中最让我佩服的人，任何时候上司交给她的工作她都能非常出色地完成，面对工作她看起来游刃有余，似乎没有什么事可以难倒她。所以，公司每年的优秀员工都有她，公司领导对她也是青睐有加，最重要的是，年终丰厚的奖金也总是落进她的口袋。

在我们这个人才济济的上市公司，竞争特别激烈，要想成为个中翘楚实属不易，我非常好奇年纪轻轻的她是如何做到的。

一次，我与 Alice 一起外出就餐，我诚恳地向她请教如何才能成为像她那样优秀的人。她思考了一会儿，问我："你认为自己能够成为优秀员工吗？"当时，我内心的第一反应是不能，于是我羞涩地笑了笑说："在你们面前，我就是一个新手，怎么可能获得这项殊荣。"

听了我的回答，Alice 笑了笑，说道："你在还没有去竞争之前，就首先否定了自己不能够得到这份荣誉，你自己都不相信自己能够成为一个优秀的人，又如何能够成为一个优秀的人呢？"听了 Alice 的话，我的脑子好像被雷击了一样，顿时明白了症结所在。

见我似乎有点开窍了，Alice 继续说道："因为我十分想要成为一个拔尖的人，拿到每一笔奖金、每一份荣誉，所以领导安排任务的时候，我总是积极主动地向老板表明，这个任务我可以做。即使内心不是非常有把握，我也相信自己一定能够完成。一旦老板把工作交给了我，我就如写了"军令状"一般地努力去完成每一个任务。虽然完成任务的过程非常艰辛，但遇到困难我总相信自己能够解决，即使一时半会儿解决不了，花点儿时间，努力想办法也一定能够解决。事实证明，我的想法是正确的。"

听完 Alice 说的话，我陷入了沉思。上司安排任务的时候，我在想什么呢？我在瞻前顾后，我在犹犹豫豫，我生怕自己做不好，我怕自己把事情搞砸，我不相信自己能够解决那些难题，所以，我只能庸碌无为地在公司混日子，暗自庆幸自己毫无差错地混过了一年又一年。

我不相信自己能够得到老板的赏识，让老板把这个任务交给自己。我在还没做事之前，就完全地否定了自己。连自己都不相信自己，否定自己，又如何能让别人相信我、肯定我呢？

我们所认为的自己实际上和真正的自己是有差距的。我们所认为的自己并不一定真的是自己想的那样。但我们如果对自己的认知长久地出现偏差，那么我们就会真的变成自己认为的那样。比如我们认为自己过于平凡、普通，不配得到别人的喜欢，那么就真的不会有人喜欢自己；如果认为自己工作能力不足，我们的工作能力就真的会变差。

美国作家爱默生说："你，正如你所思。"

我们是什么样的人，正如我们自己所想。我们对于自我的认知决定了我们是什么样的人。贬低自己、轻视自己的人，就真的会变得很糟糕，也就真的会过上一种糟糕的不幸福的生活，遭遇失败的人际关系，在工作中总是受到批评。

贬低、轻视自我，会给自己以及自己的生活带来极大的影响。人会变得自卑，觉得自己身上毫无优点。人际关系也会变得不好，谁会愿意和浑身充满负能量的人做朋友呢。工作也会经常出错，毕竟总是认为自己没有能力做好老板安排的工作，那工作中出现疏漏也是在所难免的事了。

法国作家辛涅科尔说："对于宇宙，我微不足道；可是，对于我自己，我就是一切。"我们每个人都应该重视自己，重视自己的感受。永远不要轻视自己、贬低自己。

○ 做一个快乐而简单的人

　　我们的生命不应该置于琐碎之中，而应该尽量简单、尽量快乐。

　　川端康成是我非常喜欢的一位日本作家，然而，让我意难平的是，他最终选择了以自杀的方式结束自己的一生。

　　对于一位作家而言，能够获得诺贝尔奖，显然是对他自身价值的最大肯定与鼓舞，证明他多年来的专注与付出是有价值的。然而，在获奖以后，川端康成的烦恼也随之而来。

　　他经常被官方、民间以及电视广告商等拉去各种场合，参与各种活动。身为文人的他，不太擅长应酬，也不懂得推托，做事又很认真，不知道何为敷衍，所以经常陷入慌乱的重围中，不知道该怎么解脱。这些烦琐的与写字无关的事情，让他无法再集中心力写作，事业上也难以再有突破。他越发忙碌，却也越发焦虑和郁郁寡欢。

终于，他选择了最为极端的方式——自杀。有报道称，川端康成临终之前，曾经为了筹措一笔经费心力交瘁，心情十分低落，这很可能是促使他厌世自杀的原因之一。回顾这件事，感慨颇多。倘若，川端康成仍旧像过去那般，只在黑纸白字间宁静度岁，恐怕结局会不一样。

走出川端康成的世界，审视我们周围的人与事，一样会发现类似的情景。快节奏时代的来临，让人们措手不及，却又不得不尽快适应，跟着它的脚步行走。很多人开始抱怨：生活忙乱，负担太重，承受不起。每天从睁开眼的那一刻起，就开始忙活，穿梭在春夏秋冬几乎不变的时光里，为了不可多得的成功渐渐迷失。还有一些人，逃避思考，用一副忙碌的外表掩饰内心的迷乱和不安，浑浑噩噩，在浮躁的社会里得过且过。

因为渴望拥有的太多，所以为了得到而忙碌；因为忙碌而缺少时间去思索，所以开始变得盲目，看不清有多少负担是必须承受的，有多少是不必要的；因为内心已经盲目，所以走的道路也变得迷茫，太贪多、太求全、太急切，让自己顾此失彼。

梭罗曾经说过："我们的生命不应该置于琐碎之中，而应该尽量简单、尽量快乐。"过度繁杂的生活，总是会让人陷于无尽的痛苦中，往往是那些懂得独善其身、崇尚简约生活的人，才更能明白自己真正想要的是什么，并以生命最真实的状态呈现在生活中。

一个在业界算得上很成功的外国商人，一心想要更大地扩展商业版图，将生意做到太平洋的西岸。在前往西岸的考察途中，他跟合伙人突遇灾祸，被困在了太平洋中，沮丧而恐慌地在大海中漂流了21天后才得到救援，保住了性命。

经历了这件事后，商人就好像脱胎换骨了一样。他缩小了自己的贸易公司，开设了一家养老院，每天跟老人们在太阳底下喝咖啡、聊天、下棋、唱歌，笑声连连。

有人问他，为什么要这样做？他说："我从那次海上遇难的事情中，学到了最重要的一课，那就是：如果你有足够的干净的水可以喝，有足够的食物可以吃，就绝不要再奢求任何事情了。"

当然，置身在现实中的我们，很难像经历过海上漂流、踩过生死边缘线的商人所讲的那样，只要求生活温饱就行了，但有一点可以肯定：对生活的苛求越少，越容易获得快乐。追求理想和成功没有错，但在适当的时候，也要尝试简单的生活。

何谓简单的生活？不是一贫如洗，也不是无所作为，而是还原生活的本真，体验自由、轻松和属于生命自身的意义。不想做的事情学会拒绝，不想交的朋友舍掉，不该赚的钱不要，不必忧思的事情放下，适当地放慢脚步，给生活多做减法，身心才会舒畅。

德川家康说过："人生不过是一场带着行李的旅行，我们只能不断向前走，并且沿途不断抛弃沉重的包袱。"如果希望人生旅程是快乐的，就要尽快放下身上的包袱，丢弃那些多余的负担，减掉那些不值得背负的东西。天使之所以能够飞翔，是因为他有轻盈的翅膀；当给翅膀附加上了过多额外的重量时，他也就不能再飞向更远的地方了。

在人生的道路上，想要感受到心灵的轻松，就要使自己的生活简单一点儿，学会在人生各个阶段，定期卸下包袱，随时寻找减轻负担的方法。其实，当你用一种新的视野观察生活、对待生活时，你会发现简单的东西才是最美的，而许多美的东西正是那些最简单的事物。

哲学家亚里士多德说："快乐既然是人类和兽类所共同追求的东西，所以从某种意义上来说，它就是最高的善，它渗透到从最高级到最低级的一切生命之中。"

如果一个人没有任何的快乐，他的生活就不可能有阳光。那么，到哪儿去寻找快乐呢？心理学家给我们的答案是：快乐源自心灵，不可以从外界借来，也不可以有丝毫的勉强。想要获得快乐，就要从自己的内心去寻找、去挖掘。只要你愿意，随时可以操纵心灵的遥控器，把它调整到快乐的频道。

生活中，你不妨多尝试下面的建议，或许它会让你在某一刻，与快乐相遇！

1. 允许自己偷个懒

周末清晨，你可以懒懒睡上一觉，不必早早起床收拾房间做家务，这样的习惯会让你在晚上感觉疲惫不堪，甚至影响到第二天的睡眠。暂时抛开那些琐碎的家务事，好好享受一个慵懒的休息日。不要自责，你可以心安理得地对自己说："我平时工作那么累，挥霍一下休息的时光，有什么大不了的呢！"

2．咖啡＋小说＋阳光

温暖的午后，找一家优雅的咖啡馆，带一本近期你最想看的书，选一个靠窗的位置，点一杯咖啡，一边喝一边读……这样的画面很熟悉对不对？没错，杂志上、电影里经常出现这样的"小资"镜头。不过，这并非做作，体验一下存在于故事里的浪漫，也能收获意想不到的快乐。

3．每天拍几张照片

心理学家建议，每天用相机拍下一些身边的人和事，把随时可能被遗忘的片段记录下来。之后，当你不定期整理这些照片时，你会发现生活的细节也是美好的回忆，心灵就会跟着快乐起来。

4．多与人接触和交流

独处能够净化心灵，但总是闷在家里，也可能会变得孤僻。趁着休息的机会，找三五好友聚一聚，或是参加一些感兴趣的活动，认识一些新朋友。在共同的玩乐中，你也能体会到快乐的强大感染力。总而言之一句话，世上没有不快乐的事，只有不肯快乐的心。

○ 别拧巴，往前看

不论过去怎样，我们都无法回去，与其沉迷其中，不如从往事中解脱出来。努力活在现在、拥有现在的人，才会拥有未来。

生而为人，总会有感到不堪回首的往事，比如：一次失败的演讲、当众摔了一跤、恋人离自己而去、学业上一塌糊涂、一次发挥失常的考试、被人嘲笑的口音、曾被人孤立的过去、奋斗许久却以失败告终……这些都是我们不愿回想的事情，就像烙印一样深深地刻在我们心里，毕竟，那些糗事让自己面红耳赤，那些失败让自己寝食难安，无论什么时候想起来，我们都会悔恨不已，怪自己当初为什么不能表现得再完美一点儿。

然而，对这些失败和难堪的往事念念不忘，把时间和精力消耗在无尽的悔恨之中，对未来的生活有任何帮助吗？人生是一次单向的旅程，没有回头和重来的可能，美好的、不美好的，发生了就发生了，永远无法改变。

所以，不要纠结已经发生过的事，吸取过去的经验教训，问问自己："在这件事中，我收获了什么？今后如何做得更好？"然后忘掉一切不愉快的经历，让自己轻装上阵，往前走，莫回头！

积极乐观，开朗大方的 KK，是一个极其讨喜的姑娘，似乎她走在哪儿，哪儿就有阳光，人缘极好、能力超强的她，才进公司两三年，就成了部门的一把手。

KK 一直以来都比较谦虚和善，跟本部门的同事们关系都处得非常好，现在做了部门领导，也完全没有一点儿领导架子。KK能晋升得如此快，除能力不错、业绩很好外，或许就源于她的性格：年轻姑娘，性子就像一团火，待谁都真诚热情，男同事自不必说，就连一贯喜欢"宫斗"的女同事们都跟她好得跟闺密一样。

俗话说，有女人的地方就有战场。KK 还是太年轻了，事实上，她的真诚换来的只是表面的一团和气。这天，KK 在公司的流言滋生地——洗手间，无意中听到两个平时关系很好的女同事在私下议论她，说她不知道用了什么手段才爬到现在这个位置，更是恶意揣测她和上司之间的关系。她完全没有想到早上还笑嘻嘻地跟她打招呼，问她口红是什么色号的人，这个时候会把她说得如此不堪。她气得浑身发抖，半天缓不过神来。

那天 KK 没有打开洗手间的门，将她们捉个现行。但是自那之后，关于 KK 和上司的流言却在公司不胫而走，并且在公司内部造成了十分不好的影响。不久之后，KK 便因为这些流言蜚语被降职了。

被降职之后，KK 的心态几近崩溃，有对同事无故诽谤的愤怒，也有对公司黑白不分的委屈，更多的是对自己丢掉职位的不甘。这个职位是自己辛苦努力挣来的，却因为这些莫须有的罪名而丢掉，在竞争如此激烈的今天，以后再想升职，恐怕会比登天还难。只要一想到自己平白无故地搭上自己的前途，KK 的心情就难以平复。

那段时间，KK 经常喝得酩酊大醉，整个人看起来颓废极了，眼睛里没有了往日的光彩。看到她这个样子，亲人朋友都心疼极了，爸爸妈妈也劝她："干得不开心就辞职算了，回家，爸妈养你。"

但是，KK 是个倔强的姑娘，她请了假，去了一直想去的云南，在民宿里蒙头大睡了几天。回来之后，KK 又整装待发地上了"战场"。她对朋友们这样说道："她们为啥诽谤我，不就是想让我走吗？但是我偏不遂她们的心愿。在哪儿失去的东西，本姑娘偏要在哪儿拿回来。"

回到公司后，KK 开始在新的岗位上兢兢业业，心理上不可能没有落差，但是她很快就自我调节好了。在工作中，她表现得更加出色，并且在年底交上了一份漂亮的"成绩单"。更重要的是，这件事并没有让她冷了心，她依然是那个热情的"小太阳"。

是金子总会发光。一年以后，KK 又凭借其出色的表现，升到了公司内部一个更高的管理职位。她所失去的东西，连本带利地拿回来了。

这个时候，有同事跑到 KK 面前嚼舌根，说她知道当初是谁先开始造谣的。没有想到的是，KK 及时地打断了她的话，波澜不惊地说道："过去的事就不要再提了，真相究竟如何我已经不想再过多地追究，我已经从这件事中吸取教训了，这对我来说算是一种馈赠。"

其实，刚刚知道自己被降职的时候，KK 的心理压力是非常大的。但是，她没有将痛苦和怨恨长久地背负在自己的肩上，而是从中吸取教训后适时地将其遗忘，将压力转化为动力，重新开始向目标奋进，最终很快就达到了自己的目标。如果她一味地沉湎于愤怒与怨恨之中，其结果就可能大不相同。

一般来说，对于过去发生的，特别是不愉快的事情，一般有三种应对方法：有的人后悔自责，有的人恐惧害怕，有的人把精力用在思考从中学到了什么。因此，有的人悲伤难过，颓废消极；有的人躲避远离，自欺欺人；有的人吸取教训，再次上路。而 KK 就是第三种人，如此，人生自然不同！

一位哲人这样说："未来的种子也深埋于过去的时光里，如果你不能正视自己的过去，很难让你的现在和未来开花结果，这可能会导致更多、更大的不幸。"过去的事情消失在流逝的时光里，你再也找不回来了，它仅仅代表你生命中流逝的部分，并不代表现在，更不能代表未来。有时候我们无法往前走，是因为还没有与过

去告别 —— 不能放下过去，我们就无法走进未来。

我们曾经做过的事，遇过的人，以及所有的悲喜都会过去，得失成败无不是这样。所以不论过去怎样，我们都无法回去，与其沉迷其中，不如从往事中解脱出来。努力活在现在，拥有现在的人，才会拥有未来。

跟过去告别的那一刻，是勇敢擦拭伤口的那一刻，是抉择未来的那一刻。所以，别拧巴，往前看，走好前面脚下的路，别跟过去过不去，因为一切终将过去！

○ 懂得感恩，人间值得

世界上最大的悲剧和不幸就是一个人大言不惭地说："没人给过我任何东西。"这样的人，你就是把全世界都给了他，他也不会满足的。

"我的人生太糟糕了！为什么倒霉的总是我？命运真的是对我太不公平了。"

生活中，我们总是听到一些人在抱怨：抱怨怀才不遇，抱怨贫富差距，抱怨没有贵人帮助自己……总结出来的答案就是自己过得多么不开心、多么不幸福，想要的东西得不到，生活拖累了自己。可实际上，你真的了解了他之后，会发现事情没有他形容得那么糟糕。他可能有一份收入不错的工作，有爱他的家人，有健康的身体，还有不少要好的朋友。既然如此，为什么还觉得不幸福呢？

"我们很少想到我们有什么，可是总能想到我们缺什么。"叔本华的这句话，深刻地揭示了人性的本质。让我们看到了人性的一个共同弱点，那就是总是期盼得到自己没有的东西，而对自己现在所拥有的一切却不那么珍惜，不知道感恩。

有位哲人说过，世界上最大的悲剧和不幸就是一个人大言不惭地说："没人给过我任何东西。"这样的人，你就是把全世界都给了他，他也不会满足的。所以，感恩就是要知足常乐，它不仅是一种心态，更是一种生活态度。

美国著名作家芭芭拉·安吉丽思说过："感恩就是让我们与自己的心做朋友，直到发现自己是爱与宁静的源泉。"

当我们降临在这个世界上时，快乐与痛苦也一并而来。痛苦多一点儿，还是快乐多一点儿，全在于心灵的选择。当心灵不断地被注入感恩，它就具备了防火墙的功能，可以不受负面能量的侵袭，同时又能创造出快乐和爱等正面情绪。

人之所以变得消极颓废，对这个世界充满失望，不是因为得到的东西太少，而是不懂得珍惜，不知道珍惜现在所有的一切，总是一心想着要比别人幸福。可是，你想过什么才是生命中最幸福的吗？

一个经历了"5·12"特大地震的女孩子在回忆起那段惨烈的遭遇时，写下了这样几段话：

"那天，当我的手机上显示了'我看新闻，知道你那里发生了地震。第一时间就给你发了这条信息，你没事吧？速回'这简短的几行字时，我哭了。这是地震后我收到的远方发来的第一条信息。原来在这个世界上，还有人为我担心，我庆幸我能活着感受到这种被人关心的幸福。

"我看到那么多的同伴被灾难残忍地夺去了生命，看到那么多的生命，刹那间就汇聚成了淋漓鲜血。那曾经开朗的笑脸，亦如过眼云烟，一去永不复返。只有顷刻，那一片片林立的高楼就已是断壁残垣……对于心灵，这是一种怎样的刺激与震撼！那一瞬间，我看到在残酷的大自然面前，人的生命竟然是如此的脆弱和不堪一击，犹如那断了线的风筝，在空中无助地摇摆。

"在经历了这场灾难之后，对于生命有了一个全新的概念。在生命面前，所有的金钱、地位、名利都是那么渺小；一切的一切，与生命相比都是那么次要。因为，我懂得了：活着，真好！痛苦让我学会了感恩生命，珍惜现在所拥有的一切。

"现在，每逢遇到什么不开心的事情，我总会在心底不住地安慰自己：没什么，这些都可以努力去改变，因为我还活着。比起那些在地震中失去了生命的兄弟姐妹来说，我已经很幸福了。"

活着本身就是一种恩宠。生命对于每个人来说都只有一次。而且从生物学的角度上来讲，一个人的诞生只有几十亿分之一的概率。这说明能出生并活在这个世界上是多么不容易啊！还有什么比生命更重要、更美好的呢？还有什么能比活着更快乐、更幸福的呢？我们应该把每一天都当成生命的最后一天来过，要珍惜生命、珍惜自己、珍惜我们所爱的人和爱我们的人，懂得珍惜是一种福气。

我们应该知道：

能看到这个世间的美景，真好。

每天都能看到清晨的太阳，真好。

能正常地工作，做自己喜欢的事，真好。

有健康的父母、顾家的伴侣、可爱的子女，再有三五知交好友，真好。

能健康地活在这个世界，真好。

我们总以为幸福离自己很遥远，当我们远行去追寻幸福时，殊不知活着就是一种幸福，因为只有活着，才能感受世间的一切美好。

既然如此，那就感恩生命，珍惜你现在拥有的一切，并为你现在拥有的这一切而感恩吧！不要等到失去了才追悔莫及，更不要把所有的希望都放在未来，这样才能够及时享受到人生的乐趣与幸福。"有花堪折直须折，莫待无花空折枝"，千万别因为不懂得珍惜而给人生留下遗憾。

对于个人来说，知道感恩的人生才是丰富的人生。它是一种深刻的感受，能够增强个人的魅力，开启神奇的力量之门，发掘出无穷的潜能。感恩也像其他受人欢迎的特质一样，是一种习惯和态度，是可以通过后天培养的。培养自己的感恩心，学会感恩，是一门人生的必修课，学会了，才能真正懂得生活。那么，具体来说我们该如何做呢？

1. 养成感恩的习惯

把一种积极的行为培养成习惯，它会不知不觉对生活产生影响。一位怀有感恩之心的朋友说，他每天醒来时都在想："我真是个幸运的家伙，今天又能安然地起床，拥有崭新完美的一天。我要好好珍惜，丰富自己的心灵，把对生活的热情传给他人。"你不妨效仿一下这个方法，在每天清晨醒来时，默默地感谢生活，感谢爱你和你爱的人，还有那些你为之感激过的人和事。

2．经常传递心的谢意

当你想对深爱的人、相处了很长时间的同事或朋友表达谢意时，不妨为他们写一张小小的卡片，发一封电子邮件。在特别的日子里，也可以列一些你感谢他的理由，大概十条到几十条，表达你对他的感受，写写为什么喜欢他，或者他给了你哪些帮助，你对此心怀感激。接收到你表达感恩的信息，他们一定会很开心，而这样的互动，会让你的心灵迸发出更多感恩的能量。

3．制造意外的惊喜

有时候，小小的惊喜会让事情变得不一般。为感谢父母，让他们下班后，发现饭菜已经做好放在桌上；为感谢爱人，让她回家后，发现有一件精美的礼物等着她。不要小看这些事，它们都是懂得感恩的证明，也是滋养心灵的行动。

4．对不幸心怀感激

就算生活误解了你，给了你无尽的苦痛折磨，也要怀有感恩。感恩这些伤心的遭遇，让你的生命得到成长；更要感恩在遭遇不幸时那些陪在你身边的人，因为患难见真情。带着感恩的心，你会发现纵然有再多的苦痛，可还是幸福更多。

发现快乐的能力

——如何把工作变成享受

没有一种方法能让我们彻底爱上自己不想做的事，我们能做的只是让它看起来不那么令人生畏。我们以为只要明白钱对自己来说有多重要，就可以下定决心去努力地工作，但实际上往往是那些缺钱的人在敷衍工作。真正能带来改变的，是拥有发现快乐的能力，把工作变成一种享受。

○ 假如你不喜欢自己的工作，你该怎么办？

在这个世界上，没有什么比从事自己喜欢的工作、做自己喜欢的事情更美好的了，只有做自己喜欢的事情，才能让一个人充分发挥自己的潜力。

前段时间，有个读者给我发私信说："现在的我非常不喜欢自己的工作，想到工作就本能地排斥，再也没有当初的动力和激情了。但我知道，我不能任性地拍拍屁股走人，我必须忍耐这一切，这种感觉非常痛苦和煎熬，我该怎么办？"

工作中，当你丧失工作激情，当你开始推诿责任，当你对工作产生怨恨的时候，是否认真地想过这个问题："是什么让你对工作失去了兴趣？"是因为工作压力太大？还是因为努力半生依然没有功成名就，让你产生了疲惫感？你是真的不喜欢你的工作了，还是不喜欢工作给你带来的焦虑和压力？

当你觉得前程未卜、颓废迷茫的时候，很容易变得动力不足，所以，你首先要理清自己的思路，做一个简单的判断，如此，才会逐渐清晰接下来的路该如何去走。

Z先生是一家电器公司的某区域业务经理。在做业务员的时候，就连年获得嘉奖。以他的资历和业绩表现，其职位应该远远高于现在，但他一直不愿升职，觉得升职之后的工作对自己来说没有意义。升职意味着管更大的区域、开更多的会、出更多的差、承受更大的压力以及拥有更少的个人时间，这些对他都没有吸引力。

在公司待的时间越久，资历越老，Z先生的处境却越尴尬起来。升职，意味着他将过上自己不喜欢的生活；而不升职，他强劲的业绩表现和资历，让他和自己的上司及下属之间的关系变得难以处理。他的上司觉得他功高震主，他的下属觉得永无出头之日。

Z先生很喜欢这家公司，也热爱这份工作，但又觉得自己在公司难以待下去，有时甚至"希望"公司能够主动把他踢出去。现在的Z先生，也不知道如何形容自己的心情，待在这儿他心里不舒服，但又没有那么的不舒服；心理不满意，但一时又不知道怎样才能更满意。工作的时候，时常表现出心态焦躁，情绪低落。

对工作产生疲倦感，其实是一种正常的现象。工作到了一定程度，程式化的模式本身很容易在人类"求新求异"的本能心理需求中被厌倦和抛弃。通常情况下，能力大于期望值和期望值大于能力的人都容易产生工作厌倦心理。

一般说来，导致工作厌倦或疲惫的原因主要有三个：第一个是不喜欢所从事的工作，但由于某种原因而不得不继续干下去；第二个是工作努力，却没有得到相应的肯定和回报，以至于丧失了对工作的热情；第三个是工作出现了一些挫折，比如受了老板的批评而感到委屈。

事实上，人对工作的热爱比婚姻更缺乏维系的基础，在一定时期内出现厌倦的状态是正常的，我们不必因此而背上心理负担，关键在于如何找到颓废倦怠的来源并积极去预防和治疗它。

一方面，我们应该尽早主动地规划自己的职业生涯，时时反思自己目前的职业发展状态，而不是等到倦怠的时候才开始做这样的工作。只有真正发现自己的职业兴趣、职业价值观和职业优势，才能越早找到与自己相匹配的目标工作和行业，也就越容易在工作中获得幸福感和满足度。

另一方面，我们要常常充电，学习新领域的知识和技能。倦怠期有时恰似一个困局，身处其中往往感觉一潭死水，动弹不得。这个时候主动地充电学习，引入新的元素和刺激，小小的改变可能最终造就大大的不同。

因此，当你对工作产生厌烦、充满倦怠的时候就去学习新东西，不仅可以有效地转移注意力，获得心理上的满足，同时也能为你尽快走出职业"瓶颈"创造条件。

当然，上面两个方法是针对工作压力或事业"瓶颈"造成的倦怠感，假如你真的不喜欢这份工作，你该怎么办呢？

L先生是学金融的，事实上，他并不喜欢金融，当初选择这个专业完全是因为父母觉得学金融好找工作。L先生毕业之后，也的确不负父母所望，顺利应聘到一家银行工作。但是，他过得并不开心，整天与钞票为伍的生活，让他觉得极其苦闷。

那段时间，每天早上起来时，L先生都会感到头痛，当他坐在挤满人的地铁里时，心中常会怀疑："到底我是为了什么而活着呢？"每次一想到这里，L先生就会因绝望而感到心灰意冷。但是上班时，L先生发现其他人都很愉快，因为他的工作总是做不好，而且时常出现错误，所以会计主任就经常对他说："唉！你又出错了！真是伤脑筋，不要总是连累别人，多多加油啊！"

如此一来，L先生更加不喜欢自己的这份工作，感觉自己什么都做不好，在同事面前也感到抬不起头来。曾经意气风发的少年，不知道什么时候再也不能昂首阔步地走路，若是被女孩子瞧上一眼，脸就会烧到耳朵根儿，浑身不自在。可以说，L先生在工作中完全失去了自信。

有一天，L先生和另外一位同事一起加班，回去的路上，顺便在路边吃饭。L先生的困窘那位同事完全瞧在眼里，酒过三巡，他也对L先生敞开了心扉，并由衷地给他提出了建议："这种工作并不适合你，若你继续这样下去就等于是浪费生命，虽然适合自己的工作并不好找，但还是去找找吧！因为人们对于自己喜欢的工作，做起来才会充满自信，有了自信才能发挥自己的才能。"

L先生听了同事的忠告，回家后反复思量后，第二天就递交了辞职信。

辞职不久，L先生便在一家报社找到了工作，是做记者，他很喜欢这份工作，因此他的工作也完成得非常出色。L先生非常感激那个同事，是他为自己拨开了迷雾，否则，自己现在还在银行里混吃混喝。

一个人不能去做自己不喜欢的工作或是外行的工作，若是勉强做下去，不但没有任何好处，反而会变得更加没有自信心。

只有你喜欢一件事情，才可能创造性地把它做好。其中的主动性、超思维的开拓性会无知觉地发挥出来。而对于不是自己的所爱，你难以做到更深入的探求和思考，也就得不到理想的收获。将爱好与事业有机地结合，能够超常地跨越到人生新的高度，开创出一个新的世界。

从心理学的角度讲，一个人在焦虑、迷茫的状况下做出的决定，多半是冲动而欠缺理性的。不管这样的决定会不会让人懊悔，在倦怠期的时候选择离开，一定是有很大风险的。所以，当我们不喜欢自己的工作的时候，一定要认真审视自己，是工作本身让我们不喜欢，还是工作带来的压力和挑战让我们产生倦怠。如此，我们才能做出更为正确的抉择。

○ 改变工作动机：把"应该做"变成"我想做"

在这个世界上，没有什么比从事自己喜欢的工作、做自己喜欢的事情更美好的了；只有做自己想做而不是应该做的事情，才能让一个人充分发挥自己的潜力。

"我只拿这点儿钱，凭什么去做那么多工作？"

"我为公司干活，公司付我一份报酬，等价交换而已。"

"我只要对得起这份薪水就行了，多一点儿我都不干。"

"工作嘛，又不是为自己干，说得过去就行了。"

……

工作中，当你丧失激情、当你开始推诿责任、当你对工作产生怨恨的时候，是否静静反思过下面这些简单而又包含着深刻人生意义的问题："对于你来说，工作意味着什么？你在为谁工作？你为什么要工作？"

很多人会觉得工作是为了谋生，如果不工作，怎么能活下去？假如你工作的目的仅仅是赚钱，而不是真正热爱，那么我可以很负责任地告诉你，工作对你来说是一件非常痛苦的事，并且你很难坚持下去。

美国教育部前部长、著名教育家威廉·贝内特说："工作是我们要用生命去做的事。"由此可见，工作并不是一个关于干什么事和得到什么报酬的问题，而是一个关乎生命意义的问题。从这个本质上来说，工作不是我们为了谋生才做的事，而是我们要用生命去做的事。

所以，你在这个世界上选择什么样的工作，如何对待工作，为什么而工作，决定着你对待生命的态度。要知道，对于人生的真正意义的追求，能够使我们热血沸腾，使我们的灵魂为之燃烧。这种追求并不仅仅局限于一般意义上的维持生计，赚取更多的钱，它在更高层次上与我们身边的社会息息相关，并且能够满足我们精神上的最终需求以及自我实现的需求。

实际上，没有一种方法能让我们彻底爱上自己不想做的事，我们能做的只是让它看起来不那么令人生畏。我们以为只要明白钱对自己来说有多重要，就可以下定决心去努力地工作，但实际上往往是那些缺钱的人在敷衍工作。真正能带来改变的，是那些出于我们的内在动机的一次次真实的行动，是"我想做"，而不是"应该做"。

什么是内在动机？内在动机是指你发自内心地对于某件事感到

好奇、感兴趣，并认为做这件事情能够得到满足感和获得刺激。比如，著名导演斯蒂芬·斯皮尔伯格的财产净值大约为10亿美元，他的财富足以让他在余生享受优裕的生活了，但他还是在不停地拍电影。原因就在于，电影是他生命中必须坚持的热爱，是他生活中的一部分，只有拍电影，才能让他的内心感到满足和幸福。

获得过诺贝尔物理学奖的华人丁肇中说："兴趣比天才重要。"实践也证明：在影响个人幸福感的众多主观因素中，兴趣就像一双无形的手，所起的作用最大。因为一个人如果能根据自己的爱好去做事，他的主动性将会得到充分发挥。即使十分疲倦和辛苦，也总是兴致勃勃、热情高涨、心情愉快；即使困难重重，也绝不灰心丧气，而是想尽办法，百折不挠地去克服它。正如比尔·盖茨所说："做自己喜欢和善于做的事，上帝也会助你走向成功。"而哲学家也告诉我们："做你所爱，爱你所做，幸福就会随之而来。"

这是因为当一个人做他适合且喜欢的工作，在工作中发挥最大的才华、能力和潜在素质，不断自我提升和发展，他就满足了自我实现的需要。有实现自我的动力的人，往往会把工作当作一种创造性的劳动，竭尽全力去做好它，使个人价值得到实现。在自我实现的过程中，他就能体会到满足感，内心充实就如同植物发芽般迅速生长。于是，他就会感到幸福。这也从反面说明了为什么那些为了维持生计而工作的人活得那么痛苦。

和内在动机相对应的外在动机则更多和赏惩机制有关，通过对做这件事所获得的奖赏的评估来决定是否要做这件事。比如，为了获取薪水而工作是受外在动机驱动，而真心享受工作的过程则是受内在动机驱动。换句话说，内在动机意味着，我们做一件事是因为我们想做、做得开心，而不是为了满足某些期待和需要。

为了生存，我们往往必须做一些自己并不喜欢的事情，若是长此以往，就会逐渐丧失对自己的信心。日本作曲家横滨在某公司当了6个月的经理，因为他纯属外行，所以每天都因为厌烦而感到闷闷不乐，他认为：与其让一个人去做自己并不感兴趣的工作，倒不如让那些有兴趣的人去做，反而有效。

由此可见，一个人在事业上能否取得成功和自己的兴趣有着极为密切的关系。如果你做的是自己喜欢的事情，那么你的内心就会充满快乐与激情。如果你所做的是自己丝毫没有兴趣的事情，那么你可能将会永远生活在痛苦之中。

在做事之前先思考自己做这件事的动机是什么，是自发自愿地想要去做，还是受外界的影响而去做，这之间的差别很大。如果你做工作是因为老板在监督才去做，那么你对待工作的态度就可能是混日子，是得过且过，如此一来，你的工作效率也会大打折扣。

别人的要求再严格也不如自我要求严格，自发自愿地去做事，是执行力强的人和执行力差的人之间最大的区别，自身的核心动力会帮助你扫平一切挫折与障碍，这是外界的压力永远无法给予你的。

工作的能力加上工作的态度，决定了报酬和职位。只有那些主动性强的人，他们的工作效率才会惊人的高。往往也只有这样的人，才能更快地获得成功。

○ 为什么你看起来很忙碌，实际效率却很低

不要质疑努力，不是努力没有用，而是你的忙碌并没有效果。真正的努力是不但要看你做了什么，还要看结果是什么。

生活中有一类人，看起来特别忙碌，朋友圈该打的卡一个不少，分享的东西也是正能量满满，但是事实上他的努力就像无头的苍蝇一样，东一榔头，西一棒槌，这样的忙碌并没有什么实质性的效率，只是在假装努力。

Y小姐一直都知道，人生没有平白无故的馈赠，每一分收获都源于自己不懈的努力。为了让自己早点儿实现财务自由、时间自由，Y小姐每天都生活在各种忙碌中。

早上，雷打不动地5点起床，匆匆忙忙地洗漱、化妆、出门，在公交站的早餐店买一杯豆浆、一个包子，在等公交的时候潦草地填饱肚子，然后使出浑身解数挤公交、挤地铁，在茫茫人海中挤

出一席之地；到了公司，她一刻都不会让自己闲着，开会、见客户、写PPT，以及处理各种烦琐又耗时的事情；下班之后，她也完全没有自己的业余时间，她要忙着交际，忙着应酬，周旋在各个场合……时间对她来说似乎永远不够用，她甚至很长时间都没有给父母打一个电话，或者见一见老友。

某个夜深人静的晚上，Y小姐也会迷茫得睡不着觉，她会思考："自己每天像陀螺一样转着，到底在忙什么呢？折腾了好几年，生活上没什么大变化，可心里的压力却越来越大，甚至都难以承受。"这样的念头也只是一闪而过，回过神之后，她便开始安慰自己："趁着年轻，就得拼命往前赶。"

可是，事情往往是这样：越着急，越出岔子。有一次，她遇到了一个特别难缠的甲方，方案改了一次又一次，依然入不了对方的法眼。辛辛苦苦熬了一夜，终于大功告成的时候，结果电脑按错一个键，所有的辛苦都白费，她颓丧极了，恨不得撂挑子不干了。还有一次，好不容易熬夜赶出来的方案，却在跟上司对接的时候才发现漏洞百出，有的错误甚至是致命的，最终只能是换来上司的一顿指责。

无休止地忙碌，没有成就感的茫然，让Y小姐对生活、对自己都有点失望，甚至会阶段性地陷入颓废当中。

现实生活中有很多像Y小姐一样"勤奋"的人，每天都忙忙碌碌，加班加点地工作，却看不见成果，工资不涨，职位也不升。为什么你明明已经很努力了，却还是碌碌无为呢？不是说，只要足够努力，就能有收获吗？不要质疑努力，不是努力没有用，而是你的忙碌没有效果。

真正的努力是不但要看你做了什么，还要看结果是什么。那么，我们要如何做才能转低效为高效，拒绝假勤奋呢？

1. 目标明确，不要瞎忙

经济学家亚力士说："如果你根本不知道要驶向哪一个港口，那么，所有的风向都对你不利。"目标，是努力向前的方向，如果没有明确的目标，以及达成这项目标的明确计划，不管你做任何事，都将如同一艘失去方向的轮船，东游西荡，永远无法靠岸。

一个人的目标越清晰，越知道自己该往什么地方努力，专心往一个地方使劲儿，必定力胜千钧。正如美国潜能大师博恩·崔西所说："成功等于目标，其他的都是对这句话的注解。"

为自己制定一个明确的奋斗目标，只有知道自己的目标在哪儿，才能走上正确的轨道，奔向正确的方向。有了目标，即使在做一件最微不足道的事情，也会尽职尽责。

2. 事前多沟通，多思考，事后多总结

同样的一件事，事先沟通好一般来说都要比自己闷着头做效率更高。俗话说"磨刀不误砍柴工"，事前沟通虽然看似会花费一些时间，但是总的来说，却会提高效率，因为提前沟通好就会有效地避免差错、避免返工。

事后多总结，可以让我们获得一些经验，下一次面对同样的事情，我们做起来就会得心应手，效率自然而然地就会提高。

3. 把最优的精力、最多的时间用在最重要的事情上

把最优的精力、最多的时间用在最重要的事情上，这无疑是最聪明的做法。一个人如果把精力都浪费在细枝末节的事上，是得不偿失的事。

生活中，我们往往喜欢把大部分时间花费在紧急但不重要的事务上，因为这些事就在眼前，需要我们及时采取行动，因为时间的紧迫性，往往让我们产生"紧迫等于重要"的错觉。事实上，紧急的事情大都是针对他人而非我们自己。

大多数重要的事情，都会不自觉地为我们的紧急事件让路，当处理完这些紧急的事，我们的精力可能也已经消耗殆尽，需要休息放松，于是那些重要的事又会被搁浅，当我们休整好的时候，下一个"急活儿"接踵而至，我们又只好将这些重要却不紧急的事务放下。一拖再拖之后，好像永远腾不出手去做那些本来对自身很重要的事情，这就是造成大多数人最后都与成功无缘的根本性原因。

假如我们感觉到自己一直在忙碌，但是却没有什么重大的收获，那么最大的可能就是，我们一直都在做紧急的事情，而忽略了那些重要的事情。

○ 遇上周期性心理疲劳，你所有努力都是徒劳

世界上能够摧残人的激情、阻碍人的志向、减低人的能力的东西，无异于给自己施压。

你是不是也有这样的经历：每隔一段时间，你就会特别厌烦上班，厌烦工作，即使坐在电脑前，脑子里也是一团糨糊，总在想：这样的日子什么时候到头？为什么别人的生活看起来丰富多彩，自由自在，而我必须在这里日复一日地做着枯燥乏味的事？

你失去了对工作的所有热情，每天都盯着时间等下班，总是盼着周末的到来。你恐惧你的上司，也不想与同事们交往，下班回到家后也只想躺在沙发上一动不动，节假日也懒得出游和锻炼，总是在家里睡大觉……没错，如果你有这些感觉的话，你肯定遇上了周期性心理疲劳。

重新踏入职场之后，我告诉30岁的自己，一定要有所作为，

要珍惜这来之不易的机会。于是，当别人休息的时候，我还在拼命地工作，加班到凌晨是常有的事。就这样，我如打鸡血般地工作了一段时间之后，我的整个热忱都开始锐减，感觉做什么都毫无意义。

那段时间我特别厌烦自己的工作，甚至连电脑都不愿意打开。我以为只要休息几天就好了，于是我把电脑收起来，试着让自己忘掉工作。但是，电脑收起来了，工作的压力并没有消散。每天，我想着自己还有一大堆事没有完成，然后看着电脑静静地趴在桌子上吃灰，就这样浑浑噩噩地度过了十来天，我发现这十来天不但没有让我满血复活，反而让我更加颓废。

回过头来看这十来天的自己，过得就像行尸走肉一般，工作也因此落下一大截，我变得非常焦虑，责骂自己为什么不够努力。于是我给自己定了一个任务，每天都要有新的东西输入，也要有大量的输出。我强迫自己每天 6 点起床看书，然后 9 点写东西，我要求自己每天必须写一万字。

可想而知，这个任务是很艰巨的，第一天，我的任务就宣告失败了。第二天，我照样惺忪着睡眼 6 点起床，但是我的书很久都停留在翻开的那一页，三个小时过去了，我没看进去几个字。然后我打开电脑开始写东西，却发现自己的脑中一片空白，根本不知道写什么，就这样我枯坐到 12 点，然后看了看手表，到了规定的吃饭时间了，于是我心安理得地去吃饭了。

后来好像 6 点起床就变成了给自己的一个交代而已，而这段时间实质性做了什么，是工作还是发呆，对我而言，似乎就不那么重要了。经过这段作秀似的努力，我看起来每天都勤勤恳恳，可实质上却一无所获，反而让自己疲惫不堪。

生活和工作，总是少不了压力。生存的需要，成功的需要，使得我们不得不努力工作，争取更好的生活。压力出现的时候，别指望它会自行消失；可当压力大到无法承受时，也不要硬撑着，因为心灵也像弹簧一样，只能在一定限度内服从"弹性定律"，超出了限度，就会逃避、绝望甚至崩溃，被压坏的弹簧，再怎么修复也无法完全恢复原来的弹性。

有句话说得好："上天给你的任何困难与考验，都是你所能承受的。"当我们感觉难以承受时，那往往是自己有太多心结。要知道，世界上能够摧残人的激情、阻碍人的志向、减低人的能力的东西，无异于给自己施压。适时地为心灵减压，我们才能轻装前行。关于如何给自己减压，我们不妨试试下面几个方法：

1. 不要人为地制造压力

上进要强是好事，但别把自己当成"万能"的，揽下所有责任。碰到一两个月才能做好的事，就别逼着自己两个礼拜完成。试着给自己设计一个事业规划表，分清楚远期、中期和短期目标，让自己从容应对。

2. 别把他人的压力放在自己身上

看到别人升职、发财，不要总纳闷：为什么会这样呢？为什么不是我呢？其实，只要自己尽了力，做好自己的工作，过好自己的生活就行了，有些东西是急不来也想不来的。与其给自己制造烦恼，不如想一些开心的事，多学点儿东西，让生活丰富起来。

3. 转移并释放你内心的苦闷

压力太重背负不动，那就干脆放下来不再想它，把注意力转移到那些让你感到轻松的事情上来。等到心态调整平和以后，已经褪去坏情绪的你，再看刚刚令你感到烦闷的事，可能就会觉得：那都不叫事儿。最简单的方法，就是做运动，既锻炼了身体，又释放了压力。

4. 忙里偷闲舒缓压力

生活里如果只剩下"工作"这个关键词，那么压力就会缠绕着你。所以，平日里要学会分散注意力，寻找工作以外的乐趣。休闲的一刻，是舒缓心灵压力最好的时期。中午吃过饭，在办公室里闭目养神 10 分钟，或者到外面的空地散散步，下班的时间读读书、看看电影，都能调节情绪。

5. 一次只担心一件事

生活中出现问题时，往往都是一连串，给人带来巨大的精神压力。这时，不要想着一次性把所有问题都解决好，因为越急越容易忙中出错。不妨分清事情的轻重缓急，一件一件地解决。纵然有担心，一次也只担心一件事，办完了一件，心理压力就少了一些，更有助于解决问题。

6. 换一种方式来看待压力

人生不可能没有压力，再理想化的生活，也要经历升学、就业、跳槽等一系列事情，几乎每一个成长的足迹都是在压力中走过的。别害怕压力，别憎恶压力，尽情享受生活的乐趣的时候，也对当初让自己曾经头疼不已的压力心存一份感激。这样，你会更懂得珍惜快乐的时光。

○ 方法不对，越努力，越颓废

我们常听到人们谈论天赋、运气、机遇、努力对于一个人的成功是多么重要。不可否认，这些因素都十分重要，但是，如果做事不讲方法，一切都只是空想。

在工作和生活中，我们常常会看到这样的情景：当我们努力地想要完成任务，但是依然毫无所获的时候，很多人都这样鼓励过我们："再努力一些。多跑几家客户就行了！"

这些建议乍看之下没有问题，仔细想来却并不能提高我们的工作能力：面对问题的时候，没有方法或者没有找到正确的方法，哪怕你拼得头破血流，也不一定能解决问题。更严重的是，上司一开始会因为你的勤奋刻苦而欣赏你，但是长久下来，由于工作效率不佳，你的努力等于白费。要明白，这是一个重视结果的年代，别人不会看你付出了多少努力，只会看你创造了什么价值，只有方法得当，你的努力才能换得最大的收获。

我们常听到人们谈论天赋、运气、机遇、智力对于一个人的成功是多么重要。不可否认，这些因素都十分重要，但是，如果做事不想方法，一切都只是空想。

刚毕业的时候，大多数人一开始的起跑线都是一样的，但是为什么几年之后就会逐渐拉大差距？最大的原因就在于执行力的差别，一般来说，混日子的人执行力都太差。那些比你成功的人，未必都是智商比你高，也未必比你花的时间多，只是他们的执行力比你强。

F君毕业于国外的一所金融学院，回国后就职于一家证券公司。拥有让人羡慕的学历和履历，又是公司里公认的勤奋员工，按道理来说，F君在这家公司应该能有一个不错的发展，可是3年过去了，他仍然只是一个小小的职员。这是为什么呢？问题就出在工作方法上。

每当领导布置一项一项的任务时，F君都会以百分之百的热情投入工作，他会找到所有需要的数据进行分析，然后进行大量的统计工作。每当他遇到一项复杂的数据的时候，他不弄明白就不罢休，结果工作效率很低。随着时间一天一天过去，他依然没有拿出一个切实可行的办法。结果，在别人都能独当一面的时候，他依然还是一个小小的职员。

不断解决问题，是心智成熟、心灵成长和自我超越的过程，要想在这一过程中活得更轻松一点儿，需要我们积极地寻找方法，而不是只知道勤奋。当然，我们不能否认勤奋、毅力等品质对于解决问题和成功的重要性，但是在很多情况下，一个好的方法能让你事半功倍，获得突出的成绩。

英国著名的美学家博克说："有了正确的方法，你就能在茫茫的书海中采撷到斑斓多姿的贝壳。否则，就会像在黑暗中摸索一番之后仍然空手而回。"这些话中所告诉我们的道理并非仅仅指读书，生活中遇到任何难题的时候，寻求方法都是十分重要的。

有两只蚂蚁想翻越一段墙，到墙那头寻找食物。一只蚂蚁来到墙根就毫不犹豫地向上爬去，当它爬到大半时，由于劳累、疲倦而跌落下来。

可它不气馁，一次次跌下来之后，又迅速地调整一下自己，重新开始向上爬去。另一只蚂蚁观察了一下，决定绕过墙去。很快地，这只蚂蚁绕过墙找到食物，开始享受起来。第一只蚂蚁仍在不停地跌落中重新开始。

爱因斯坦曾经提出过一个公式：$W = X+Y+Z$。这里，W 代表成功，X 代表勤奋，Z 代表不浪费时间、少说废话，Y 代表方法。从这个公式中我们可以知道，如果只有勤奋刻苦和脚踏实地的作风，而没有正确的方法，是很难取得成功的。成功不仅仅需要勤奋，也不单纯地与花费的时间和精力成正比，同样需要方法。只有正确的方法才能提高解决问题的效率，才能保证成功。

所以，在不断努力、不断失败之后，一定要记得停下来想一想，是否有更好的解决办法，让自己从事倍功半，逐渐走向事半功倍。那么，我们在工作中，有什么方法能提升自己的工作效率呢?

1. 活用"死时间"

回顾一天的工作事项，以半小时为单位，给自己列一个详细的时间表，看看自己这一天的时间是如何用掉的，分析总结哪些时间被浪费掉了，成了莫名其妙溜走的"死时间"。接下来，把这些时间用来做一些琐碎的小事，比如填收据、收发邮件、打电话等。

2. 一次只专心做一件事

工作时一定要全身心投入，充满紧迫感，不要边工作边做其他事。一次专心做一件事，用最快、最有效的方式完成，然后再进行下一项任务。眉毛胡子一把抓，往往什么都做不好，还会让自己产生焦虑不安的情绪。

3. 不要四处"救火"

工作要以最重要的事为先，把一天的事务列表，用80%的时间做既紧急又重要的事，其他再做重要的事，最后做紧急的事，以减轻自己的时间压力。这样一来，就等于是把最大的精力集中在了能获得最大回报的事情上，不至于白忙一场。

4. 节约时间成本

讲究利用时间的效率，尽量减少没有效率的会议、讲话等，要衡量付出的时间成本是否和所取得的效益成正比。

○ 将大目标分解成更易实现的小目标

将大目标拆成小目标，可以使得目标更明确、更可执行，让整个任务感觉更可控，从而缓解焦虑。

我的朋友小U从小就立志当老师，师范院校毕业后，她便如愿以偿地成为一个语文老师。小U带的是初中二年级，年轻漂亮又温柔的她，很快就和学生打成了一片，她成了学生们喜欢的老师。

然而，一段时间之后，小U变得非常苦恼。虽然孩子们很喜欢她，但是她所带的班级，学习成绩却一直很平庸，这让她很有挫败感。她尝试了各种方法去提高孩子们的成绩，但是一个学期下来，问题还是明显地摆在那里，成绩依然不温不火。

一向要强的她，平生第一次感受到了工作的巨大压力，每次考试她比学生还紧张，一再提醒他们注意各项问题，可试卷交上来后，依旧如此。想到学生们马上就要面临中考，她变得越来越焦躁，甚至有几次没能控制住情绪，对学生大发雷霆。

一天，她又给我打来视频电话，念叨起工作上的困惑。那段时间，我正看完日本马拉松选手山田本一的故事，我听完她的话，没有直接安慰她，或是给出建议，而是给她讲了一段关于山田本一的故事。

1984年，东京国际马拉松邀请赛上，名气不大的山田本一出人意料地夺得了世界冠军，让所有人都大吃一惊。有记者问他凭什么取得这样的好成绩，他说了一句："凭智慧战胜对手。"当时，好多人都说，他这是故弄玄虚。谁都知道，马拉松是体力和耐力运动，身体素质好，有一定的耐性，才能取得好成绩。他说用智慧取胜，似乎有点勉强。

两年后，意大利国际马拉松赛上，山田本一又得了冠军。记者让他谈一谈经验，他说的还是那句让人摸不着头脑的话："用智慧战胜对手。"

十年后，这个谜在他的自传里被揭开了。其实，他在每次比赛之前，都会乘车把比赛的路线仔细地看一遍，把沿途比较醒目的标志画下来。比如，第一个标志是银行，第二个标志是某棵大树，第三个标志是一座红房子……就这样，一直画到终点。比赛开始后，他就以最快的速度奋力向第一个目标冲去；抵达第一个目标后，他再朝着第二个目标冲去。四十余公里的赛程，被他分解成了一个又一个小目标，轻松地跑完。一开始，他把目标定在四十余公里外的终点线上，结果跑到十几公里时就累得不行了，因为前面那段连着的路程太长了，把他吓倒了。

"你的工作也是一样，总想着一下子就让学生的成绩提上来，那么压力势必会很大。因为总会有这样那样的问题出现，一个学生不犯这个错，另一个学生又开始犯。你会感觉，怎么都处理不好。你看看山田本一是怎么处理问题的？试着把问题分解了，你的压力也就跟着分解了。"

小 U 是个聪明的姑娘，听了我的话之后，她立刻将这个方法付诸行动。首先，她对学生说，作文只要写得整洁就可以得满分。这么简单的要求？学生们一听，个个都书写得认真仔细，笔迹清晰，页面干净，因而也都拿到了满分。然后，她又把要求稍微提高了一些，说下次只要写得整洁外加没有错别字，就可以得满分。于是，学生们又开始奋勇争先，错别字的问题也大大减少。后来，她又分步提出了标点符号、遣词造句、立意布局等各项要求，学生的作文水平也跟着一点点地提高了。

同样的问题，同样的压力，全部积聚在小 U 的心里，差点儿把她压垮。当她像山田本一那样，把大的目标分解成小目标，一步步地前进，达成一个小目标后，体验一把"成功的感觉"，就能强化信心，调节情绪。而在这样的过程中，巨大的压力也就被无形地分解了。

当我们面临一些比较长期、难度较大的任务时，焦虑情绪会更强。那么，缓解焦虑的方法，就是制订计划、拆解目标。制订计划时要从上往下拆分，先定整个项目的大目标，然后将大目标拆分成小目标。明确达到每个大目标和小目标时的衡量指标、截止日期、通过什么方式达到目标等。

将大目标拆成小目标，可以使得目标更明确、更可执行，让整个任务感觉更可控，从而缓解焦虑。在完成每个小的目标后，给自己一个奖励，比如放个假，吃顿好吃的，和朋友聚会。这样做，一方面可以缓解阶段性的压力和焦虑，另一方面也是给自己一个正向激励。鼓励自己用更积极的情绪和状态去迎接下一阶段的工作。

纵观古今中外，那些成功人士都不是瞎忙碌的人，他们会把目标分成最终目标和为此设定的许多阶段小目标。只要是对这些目标有着重要影响的事，他们就会专注于此，尽力完善。而那些对于目标没什么影响的事，他们绝不会浪费一点儿精力和时间。

○ 停止抱怨，抱怨不会减轻你的工作压力

当你不再为了自己的现状一味地抱怨，而是在为心中的目标做准备和努力的时候，你的职场之路就会越来越平坦。

在我们身边总会有这样一种人，不停地抱怨自己所做的工作多么不好，不是说工作压力大，就是说赚钱太少，要么就说老板苛刻，经常给他"穿小鞋"。

当抱怨久了，这些对工作的不满就转变成了压力，使原本就不轻松的生活变得更加不堪重负，于是，他们就会想着跳槽，换一份轻松而高薪的工作。可能他们日后真的找到了一份比较满意的工作，但是不久之后就会发现，他又回到了原来的那种状态，抱怨这份工作没有看上去那么体面，有多少令人心烦的事……于是，他们又开始寻找下一份工作。

仔细想想：这个世界上本来就没有完美的事物，工作也不可能

都尽如人意。有时候，并不是因为工作不好，问题出在人的身上。如果你总是一味地抱怨客观环境，而不是发自内心地去重视一份工作，尽职尽责地将它做好，那势必就会感到厌烦，进而心生厌倦。实际上，并没有什么工作值得抱怨，只有不负责的人。

读过《致加西亚的信》这本书的人，一定还对故事中的主人公罗文记忆犹新。书中讲到，罗文接受了一个任务——给加西亚将军送信，可是谁也不知道加西亚将军在什么地方，谁也不知道如何才能联系上将军、怎样才能到达，面对这样的难题，罗文没有丝毫抱怨，而是不讲条件地努力执行任务，不顾一切地把信送达目的地。至于罗文在徒步三周、历尽艰险、穿过危机四伏的国家，把信送给加西亚的过程中是否抱怨过，我们不得而知，书中也没叙述。但我们有理由确信：就算罗文真的有过抱怨，但最终他也一定是把抱怨化为了努力，因为只有努力才是确保完成任务的唯一途径。

对于任何一个人来说，对于自己所处的职位及现状抱怨不已，没有任何意义。不要把所有的精力都放在"我没有升职，我没有加薪，我得不到重用"的问题上，而是要把注意力集中在"我为什么没有升职，我为什么没有加薪，我为什么得不到重用"上，这样才能够看到自己的缺点，给自己一个准确的定位。当你不再因为自己的现状一味地抱怨，而是在为心中的目标做准备和努力的时候，你的职场之路就会越来越平坦。

三个毕业生一同进入一家公司实习。

A是个自负的人，他觉得自己满腔抱负却没能得到上司的赏识。他总是想：如果有一天我能够遇见老总，在他面前展示一下自己的才华就好了！

B也有和A一样的想法，但他试着做了一点儿"工作"。他向人询问老总上下班的时间，算好他大概何时进电梯。他每天都在这个时间去坐电梯，希望能够遇到老总，有机会打个招呼，给对方留个好印象。

C同样也渴望能够在老总面前表现一番，而且他也为此做了更多的努力。他详细了解了老总的奋斗历程，弄清楚老总毕业的学校、人际风格，以及个人喜爱，并精心设计了几句简单却有分量的开场白，在算好的时间去乘坐电梯。跟老总打过几次招呼之后，他终于有机会和老总进行了一番长谈，而且不久之后就争取到了更好的职位。

我们处于某一个水平线上的时候，我们的能力也在那条线上。若想让自己爬上更高的台阶，就得着手改变自己，提升自己的能力，而不是去抱怨那个台阶为什么不肯降低到自己面前。任何时候，想要改变境遇，都得先改变自己。

美国成功哲学演说家金·洛恩说："成功不是追求得来的，而是被改变后的自己主动吸引而来的。"面对不顺与不公，如果你肯适时地改变一下自己，就会发现，那些令人感到"厌烦"的东西，其实也有自己从未了解的另一面，真正羁绊和束缚我们的，从来都不是外界的环境与人，而是我们自己的看法。

在工作中，多数人都渴望用最快、最有效的方式解决问题，并以此取得大的成就。有些人能够做到，有些人却无法做到，于是后者中的一些人便会抱怨，但他们却不去思考为何会失败。其实，这就是我们平时总说的，做事不能眉毛胡子一把抓，要懂得抓要点和根本，这才是解决问题的关键。

如果能够意识到这一点的话，在日后做事时就不会事事着手、事事落空了。而且，无论遇到了多么棘手的问题，也能够以最快的速度抓住问题的要点，用最佳的方式解决。待到自己具备了这样的能力，工作就会变得顺利得多，也更容易获得良好的发展。

我们不得不再次强调：抱怨无用，特别是在关键时刻，这只能延误时间，让事情变得更糟。当然，解决问题并不是有了决心和蛮力就可以，更重要的是发现问题的关键，在危机之中找到转机，以最少的损失获得最大的收益。

熬了很久做出的方案，被客户一口否定，你可以坐在那儿自怨自艾，也可以吸取经验，思考为什么这些方案通不过，为下一次的成功做准备。身处逆境，你可以选择怪罪别人、诅咒命运的不公，但这些都不能改变事实。但是你若能从挫败中吸取教训，对自己负起责任来，那么一切苦难都是值得的。

你若努力，生活迟早会给你想要的答案：马云求职屡遭碰壁，前四次创业都以失败告终，就是这样一个经历无数次失败的人，最终创立了举世闻名的阿里巴巴；著名企业家史玉柱，他被称为"中国最著名的失败者"，他之所以能在商海里占有一席之地，正是因为他懂得从失败中总结经验，抓住每一个从头再来的机会，触底反弹，让自己再一次站在巅峰；华为总裁任正非，人到中年，却中骗局，被人骗走 200 万元，被国企南油集团辞退，身负巨额债务的他借钱创立了华为这个让美国都忌惮的科技集团……

面对不同的境遇，怨天尤人没有用，每一种成长经历都能给予我们意想不到的收获。生在贫困的家庭，虽然无法从父母那里享受到优越的物质生活，可它也能培育我们坚韧自强的个性，这何尝不是一种恩赐呢？遇到问题的时候，不要只顾着抱怨，要学会改变自己的思维方式，努力去发现和营造美好。

○ 把你现在做的事情，认真地做好

把你现在做的事情做好，把你的工作当成生命中最重要的事情来对待，改变就会发生。

一个金融专业出身的女孩，顺利地在银行谋得了一份工作。在我看来，这也是一个不错的职业方向，只要坚持做下去，肯定有发展。然而，在工作的第三年，女孩就按耐不住辞职的冲动了。原因是，银行组织架构的问题让她迟迟得不到提升，薪水也由于职位的限制一直局限在一个较低的档次。

接触中我了解到，女孩对自己的期望值很高，觉着自己有一定的学历、实力背景，理应得到更好的待遇。所以，她不顾周围人的劝告，执意选择了辞职。大概是被以前的企业局限时间太久了，她刚一离开就迫不及待地想要得到突破性的转变。然而，现实并不如她预想得那么好，每次满怀信心地去尝试新的行业，却屡屡受挫。

她不服，想要的得不到，越是得不到越想要，碰壁多次的她变得焦急又浮躁。

当她向我咨询职业规划和发展时，我告诉她：企业只会为员工的能力和素质买单，尽管你有一定的学历背景，感觉自己的能力也不错，但那都只是感觉。就目前的情况来说，你最缺乏的是核心竞争力。在银行工作的三年里，实际上你掌握的东西并不多，没有给自己一个正确的评价，这才导致你屡屡碰壁。最后，我结合外部职场环境因素为她量身打造了下一步的职位，并帮助她在半个月后成功谋求到一份适合的职业。

其实，这个女孩很有潜力，领悟能力也很强。尽管后来的这份工作起点有点低，但只要她能够摆正心态，不总是望着那些眼下无法企及的位置，踏踏实实地做下去，三五年后她应该会上升到另一个层次，实现职业生涯的一个较大的跨越。

通过这件事，我想说的是：眼高手低是工作上的一个大忌。许多人都不甘平庸，向往着卓越与成功，恨不得一下子就能跳跃到自己满意的位置。可现实的经验告诉我们，这根本就是不可能的事。打仗要一场一场地打，饭要一口一口地吃，就算是登上月球，一样也得从地球上出发。

一个家境不富裕的男孩，很想拿到全额奖学金上国外的某所大学。谁都知道，出国留学英语是必过的一关，为了实现自己的目标，男孩找到了一个人，跟他说："我很想到你们的培训班上课，但我没有钱，可不可以这样，暑假的时候我到贵公司兼职做教室管理员（打扫教室、查看学生的听课证），完事后，准许我在教室后面听课。"

听起来这似乎是一个很划得来的交易，那个人就答应了他。紧接着，男孩又提出一个要求："如果两个月的兼职工作做得很好，能被验收的话，能不能给我 500 元钱的工资买一个随身听。"那人告诉他，要看他的表现再付费。

对男孩来说，兼职是为了获得听课的机会，而把兼职工作做到最好，是为了得到 500 元钱的报酬，得到报酬是为了买一台随身听，买随身听是为了强化自己的英语水平，为能考上可以提供全额奖学金的外国大学做准备。他非常明白这一系列关系，所以干活很认真，不但把教师的各个角落都打扫得很干净，且在学生们离开后，他依然要再收拾一遍。时间久了，他的眼光变得很敏锐，教室里的一片纸屑、一点儿污垢，都逃不过他的双眼。

他的认真劲儿打动了许多人，他们一致认为：这个男孩勤奋、踏实，做事认真。两个月后，那个人信守了承诺，给了男孩 1000 元的工资。男孩迫不及待地买了随身听，一边听一边掉眼泪，这是他用勤劳换来的收获。

后来，给这个男孩机会的人 —— 新东方的 CEO 俞敏洪说："看着他边听边流泪，我知道他被自己的行为感动了，以后肯定有大出息。果不其然，几年后他被耶鲁大学以全额奖学金录取了，现在在美国工作，年薪 13.5 万美元。"

500 元和 13.5 万美元，差距是多么悬殊啊！看到这里的时候，很多人一定会感叹，但在感叹之余你有没有想过：是什么让他的人生有了这样的逆转？就是他踏踏实实、认认真真地做好了每一件小事！他想上外国的一所大学，他积极地寻求学习英语的办法，用打扫卫生换得听课的机会，努力把教室打扫得一尘不染，给人留下好的印象，并成功得到了报酬，买了随身听，而后开始背单词、练听力，一点点地提升，直至最后圆了自己的梦。

生活中比这个男孩起点高的人有很多，但不是每个人最终都能获得他这样的成就，个中原因有很多，但有一点似乎是相同的，那就是总把眼光盯着高处，却不愿做好眼下的事。就像多少学英语的人都羡慕俞敏洪今天的成就，也想自创一个培训机构，发展得和新东方一样。曾经，就有学生这样问过俞敏洪，他的回答很简单："你可以先到新东方来打扫卫生，如果你卫生打扫得好，我提升你为卫生部部长，如果你卫生部部长干得好，你就变成新东方后勤主任，等到你变成后勤主任的时候，我就送你到哈佛大学学习，学习完回来我把后勤行政全部交给你，你就变成后勤行政总裁。第几位？第二位。我'一翘辫子'，你就是总裁了，对不对？"

言辞幽默，却不失道理。从平凡走向卓越，就是这么简单，把你现在做的事情做好，把你的工作当成生命中最重要的事情来对待，改变就会发生。

○ 试着在平凡中去寻找精彩

工作不可能十全十美，只有用感恩的眼光去看待工作，在平淡中去创造精彩，才能保持始终如一的热情，发现工作的魅力。

在一次培训课结束后，一位女同伴发邮件给我，述说了她在工作中的各种烦恼，如工作压力大、薪资待遇偏低、缺乏培训进修机会等。还好，她认为这些都可以忍受，但近期发生的一件事，却给她重重一击：与她同时进公司、学历相当的一位同事，晋升为主管，成了她的顶头上司。

说来也巧，她口中所说的那位上司，正是那次培训的主要负责人。在此之前，我一直与她沟通培训的事宜。对工作极度不满的女职员，在信中细数自己各方面的优势，大致是觉得自己的能力与新上司相当，对公司的人事安排心存不满。

在给这位女职员的回信中，我如是说道："工作不只是看能力，更重要的是态度。也许你在岗位技能方面与上司相差无几，但你有没有仔细去审视她对工作的态度？在同样的环境、同样的待遇之下，如果她比你更喜欢这份工作，那么她的晋升就变得合情合理了。"

其实，这番话也是我想对所有"不喜欢自己的工作"的人说的。当你认为自己的工作辛苦、烦闷、无趣的时候，就算你有才华、有技能，也无法做好这份工作，发挥出最大的潜能。世上任何一种工作都有它存在的价值，也有它不尽如人意的地方，重要的是我们能否保持良好的心态，去发现工作中的快乐与精彩。

励志大师安东尼·罗宾曾到巴黎参加一次研讨会，会议的地点不在他下榻的饭店。他看了半天地图，却仍然不知如何前往会场所在地，最后只得求助于大厅里当班的服务人员。

那位服务人员穿着燕尾服，头戴高帽，五六十岁，脸色有着法国人少见的灿烂笑容。他仪态优雅地翻开地图，仔细地写下路径指示，并带着罗宾先生走到门口，对着马路仔细讲解去往会场的方向。罗宾先生被他热情的服务态度打动了，一改往日对"法式服务"比较冷漠的看法。

在致谢道别之际，老先生微笑有礼地回应道："不客气，希望您顺利地找到会场。"紧接着，他又补充道，"我相信您一定会满意那家饭店的服务，那儿的服务员是我的徒弟。"

安东尼·罗宾突然笑了起来，说："太棒了！没想到您还有徒弟！"

老人脸上的笑容更灿烂了，说："是啊，我在这个岗位上已经工作 25 年了，培养出了无数的徒弟。我敢保证，我的徒弟每一个都是优秀的服务员。"他的言辞间透着一股自豪。

"25 年？天哪，您一直站在饭店的大厅呀？"安东尼·罗宾不禁停下脚步，他很好奇，这位老人如何能对一份平凡的工作乐此不疲？

"我总觉得，能在别人生命中发挥正面的影响力，是一件很过瘾的事情。你想想，每天有多少外地游客到巴黎观光？如果我的服务能够让他们消除'人生地不熟'的胆怯，让大家感觉就像在家里一样轻松自在，拥有一个愉快的假期，不是很令人开心吗？这让我感觉自己成了游客们假期中的一部分，好像自己也跟着大家度假了一样愉快。我的工作很重要，不少外国的游客都是因为我的出现，而对巴黎产生了好感。我私下里认为，自己真正的职业，其实是——巴黎市地下公关局长！"说完，老人眨了眨眼，爽朗地笑了。

安东尼·罗宾对老人的回答深感震撼，尽管言辞平静朴实，却能给人一种不同寻常的力量，这种力量就是许多人能够脱离平庸，实现从普通到优秀的秘密所在。这也足以证明，世间没有平凡的工作，只有平庸的态度。唯有喜欢自己的工作，才能发现它的价值，以及其中蕴含的机遇。

美国西雅图有一个特殊的鱼市场，说它特殊是因为这里的卖鱼方式和批发处理鱼货的方式不同寻常。那里的鱼贩们面带笑容，像合作默契的棒球队员一样做着接鱼游戏，那些冰冻的鱼就像是棒球，在空中飞来飞去，大家互相调侃唱和。

有游客问他们："在这样恶劣的环境下工作，你们为什么还能这样开心？"

鱼贩说："原来，这个鱼市场死气沉沉的，大家整天抱怨。后来，我们想开了，与其这么抱怨，不如改变一下工作的品质。于是，我们就把卖鱼当成了一种艺术。再后来，越来越多的创意迸发，市场里的笑声多了起来，大家都练出了好身手，简直可以跟马戏团的演员一比高下了。"

快乐的气场是会传染的，附近的上班族们经常到这里来，感受鱼贩们乐于工作的心情。有些主管为了提升员工的士气，还特意跑来询问："整天在充满鱼腥味的地方干活，怎么能如此快乐？"鱼贩们已习惯了给不顺心的人解难："不是生活亏待了我们，是我们期望太高，忽略了生活本身。"

偶尔，鱼贩们还会邀请顾客一起玩接鱼游戏。哪怕是怕腥味的人，在热情的掌声的鼓励下，也会大胆尝试，玩得不亦乐乎。毫不夸张地说，每个眉头紧锁的人来到了这里，都会笑逐颜开地离开。

说到这里，我想你也应当意识到了，工作不可能十全十美，只有用感恩的眼光去看待工作，在平淡中去创造精彩，才能保持始终如一的热情，发现工作的魅力。

重建生活的乐趣

——习惯是顽强而巨大的力量

　　心理上的懒惰，会扼杀生活的激情，形成无意识疲劳，让人面对眼前的生活产生一种无力感。这种无力不仅仅是精神层面的，也包括物质上的。要消除心理上的懒惰，唯一的办法就是重建生活的乐趣。从最小的坏习惯开始改变，从最简单的事情着手。很多时候，那些虽然不足以影响全局的小改变，却能给人带来莫大的鼓励。

○ 如何让你的时间变得更有价值

值得做的事，忙中偷闲也要做；没有价值的事，或者与你自身期待的价值不相符合的事，再闲也不做。记住，你花时间做什么，你就会成为什么样的人！

对世人来说，世间最为公平的就是时间了。时间是不存在特权阶级的，它给每个人的一天都只有 24 小时，不会因为任何原因把一天当中格外的时间给任何一个人。时间遵循着一种不变的规律，从不预支给谁去浪费。

假如一个人的寿命为 80 岁，那么他一生时间的用途分别为：睡觉 27 年，走路 10 年，吃饭 10 年，穿衣和梳洗 5 年，生病 3 年，打电话 1 年……一生用于创造其他价值的时间，其实还不到 80 年的五分之一。

那么，我们如何在有限的时间里，创造出更大的价值呢？

松浦弥太郎在他的时间管理术中，把时间分成三种：

第一，浪费的时间。浪费的时间是指那些无用的社交、不快乐的事、对健康无益的事。

第二，消费的时间。消费的时间是上下班通勤、吃饭睡觉等必须花费的事。

第三，投资的时间。投资的时间则是把时间用在对你的人生可持续发展产生价值的那些事上。

做好时间管理最主要的是心里有一本账，知道自己时间花在哪里了，这些时间花出去是浪费时间，还是可以给自己创造价值？对我的未来又有什么好处？时刻记住这一点：值得做的事，忙里偷闲也要做；没有价值的事，或者与你自身期待的价值不相符合的事，再闲也不做。记住，你花时间做什么，你就会成为什么样的人！

小 V 是一个出名的好好先生，为人特别随和。在公司，没有人干的活或者大家都不想接的任务，找他绝对没有问题；朋友们有什么活动饭局，他也是随叫随到，绝对不会推脱。他就像一个随时待命的人，哪儿有需要就往哪儿跑。

有一次，部门里几个同事聚餐，小 V 是部门里唯一没有被邀请的人。酒过三巡，大家突然想到回去的时候没有人开车，一个同事说叫代驾，另一个同事笑着说："叫代驾多贵啊，小 V 不是会开车吗？把他叫来，完了把大家都送回去。"那个同事立马掏出电话给他打电话，不出所料，小 V 火急火燎地赶来了，乐呵呵地加入快要结束的饭局。

饭局结束，小V把大伙儿尽职尽责地送回家，没有一个人说谢谢。

那天，小V其实已经吃过晚饭了，但他还是来了，理由是人家叫他是看得起他，反正闲着也是闲着。

现在，小V快要满30岁了，他还是那个热情洋溢的小伙子，随叫随到，哪儿有需要就往哪儿跑，看似无比重要，却又可有可无，一起进公司的人要么升职加薪了，要么跳槽到更好的公司了，只有他依然是一个小职员。

小V之所以碌碌无为，一个根本的原因就是他把自己的时间打了"贱卖"的标签。或许有人会提出疑问，善良热情有错吗？这样太不公平了。是的，世界的确有很多不公平，有时候你出力最多，为人最随和，却往往无足轻重。相反，那些永远保持自己节奏，不配合别人时间表的人，却是众星捧月般的存在。原因很简单，因为他的时间更有价值，所以他也更有价值。

时刻记住，你的时间是拿来投资的，不是用来打发的。空闲时间并不等同于无意义的时间，除非你拿它去做无意义的事。读书、看电影、听音乐、出去走一走、高质量地睡一觉，都是对自己最好的投资。把花在无效社交上的时间，用在自我增值上，当你的时间变得有价值的时候，你自身也会变得有价值，那个时候，不需要你去找朋友，朋友自然也会来找你。

鲁迅先生曾经说过：时间就是生命，无端地空耗别人的时间，其实无异于谋财害命。对我们来讲，浪费自己的时间那就等于自杀。因此，我们不能浪费每一分钟，我们要在有限的时间里做出更多的成绩。生命的长度我们虽然无法改变，但是提高效率却可以拓展它的宽度。

那么，我们要如何提高自己的工作效率呢？

1. 列一个任务清单，按重要性程度排列，按顺序完成任务

一天之计在于晨，在每天早晨就进行计划，安排好一天的工作任务。每天都列一张当天要做哪些事的清单，并将它们按重要性程度排列，然后尽可能一有时间就去干最重要的工作。养成好习惯，按着"任务清单"的顺序干，决不跳过困难的工作。

2. 避免将时间过多地花费在琐碎的事情上

大多数人都有这样的经历，早上去公司的时候，先整理整理办公桌，再上个厕所，然后喝一杯水……不知不觉时间就过去了一个小时。所以，工作的时候，我们一定要有时间观念，坚持"二八原则"，避免将时间花在琐碎的多数问题上，因为就算你花了 80% 的时间，也只能取得 20% 的成效。你应该将时间花于重要的少数问题上，因为解决这些重要的少数问题，你只需花 20% 的时间，即可取得 80% 的成效。

3. 拒绝空想，立即行动

在工作和生活中，我们都见过许多这样的人，他们每天都给自己订下计划，今天一定要完成什么工作，可是总不见行动，只是把这些想法挂在嘴边，结果一天下来，工作没有半分进展。因此，为了避免成为一个空谈主义者，为了更有效地提高我们的工作效率，我们必须立即行动起来。

4. 擅用碎片化时间，不要小看每一分钟

我国著名的数学家华罗庚说："时间是由分秒积成的，善于利用零星时间的人，才会做出更大的成绩来。"因此，我们不要小看一分钟，每一分钟都是宝贵的，不可回溯、不可复制的，浪费时间是生命中最大的错误，优秀员工之所以成绩突出，就是因为他们能有效地利用每一分钟，珍惜每一分钟，他们使得每一分钟都能直接或者间接地产生效益。

○ 改变，从整理你的房间开始

人的心灵跟房间一样不适合堆放太多杂物，借着整理凌乱的房间来整理自己凌乱的内心，让生活回归原本的状态，你就会发现，生活真的可以不一样。

追根溯源，颓废源于懒惰。不信你去看，那些颓废的人总是什么都不想做，做什么都觉得没意思，一天到晚只想窝在家里、赖在床上，或是追剧打游戏……把时间浪费在最没有价值的地方，又让他们的内心充满了焦虑，越焦虑越颓废，越颓废越懒惰，虽然很多时候自己也厌烦这样的状态，可又总是有心无力。

这种心理上的懒惰，会扼杀生活的激情，形成无意识疲劳，让人面对眼前的生活产生一种无力感。这种无力不仅仅是精神层面的，也包括物质上的。要消除心理上的懒惰，唯一的办法就是——换一种生活方式。

如果你想要让自己的生活发生一些改变，而又不知道从何处做起，那么，先从整理房间开始吧。认真努力地完成这件事，把不需要的垃圾全部清理掉，你的心情也会跟着明朗起来，你会感受到一种驾驭生活的快感，内心深处对生命的热爱也会被重新唤醒。

M小姐是都市里漂泊着的大龄"剩女"。她不像其他黄金剩女一样拥有高学历、高收入，她只是茫茫人海中一个不起眼的普通女人，她能力一般，在公司里可有可无，脸蛋不美，追求者寥寥无几，她孤身一人穿梭在钢水泥的丛林里，麻木而迷茫地生活着。

M小姐在城乡接合部租了一间10平方米的房子，那个狭小的空间，就是她在这个城市里唯一的落脚地。一个人生活，她懒得做饭，总是在外面随便吃点儿什么，而后回到那个无比冰冷的布满灰尘的屋子。M小姐不知道前途在哪儿，每天下班后，她无所事事，总觉得干什么都没意思，可置身于这个竞争异常激烈的城市，内心又感到无比焦虑，知道这样的状态不是长久之计，却又无计可施。

某天晚上，在另一个城市里打拼的好友与M小姐视频聊天。从交谈中，好友了解了M小姐的一切不如意。好友认为，M小姐的低迷和沉郁，并不是因为物质上的匮乏，而是缺少一个热气腾腾的生活。她给M小姐提出了"换一种生活方式"的建议，让她尝试一下，看看心理上会有什么变化。

M小姐听从了好友的建议，做了下面的几件事：

第一，把凌乱的房间收拾干净，买一些炊具回家，让房子变成"家"。好友告诉她，环境会影响心情，房子干净了，心情也会跟着明朗起来。M小姐用了两个晚上的时间，把房间彻底打扫了一遍，把扔得到处都是的衣服整整齐齐地叠好放进了柜子。房间干净了，她似乎觉得不那么憋闷了。周末，她买了炊具和菜，把要好的同事请来，下厨做了一顿家常饭，没花多少钱，却觉得吃得很温馨、很舒服。

第二，打破一成不变的居住氛围，打破墨守成规的生活方式。一成不变的气氛，很容易令人灰心。30岁，虽然不再青春年少，但还是充满希望。M小姐买了一块自己喜欢的花布，把窗帘、床单、桌布全都换掉。

第三，买了一盆容易饲养的花，抱养了一只可爱的猫咪。花的生长给M小姐带来了希望和活力，猫咪的成长让M小姐看到了生命的历程，精心照顾它的过程，也让M小姐逐渐找回了心灵的平静与安稳。有植物的点缀、动物的陪伴，屋子里生动了许多。

第四，在网上搜寻附近的招生广告，给自己报了一个喜欢的健身班。平日下班或是周末有空，M小姐都会穿着轻便的运动装去健身房，运动愉悦了身心，保证了健康，还给她提供了结识新朋友的机会，她觉得日子不再那么空虚。

第五，给自己买了一盏台灯，买了几本喜欢的书。夜晚是最容易伤感的时候，特别是一个人生活。台灯与书籍的陪伴，帮她驱逐了漫长的黑夜，也为她的心灵补充了能量，让她领悟人生。有书陪伴的夜晚，M小姐突然觉得，独处竟也是一种奢华的享受。

从房间变得整洁的那一刻起，M小姐就发现生活真的变得不一样了。过去那颗无力的心，现在变得越发充盈和灵动了，而那份对生活、对未来的焦虑感，也逐渐减少了。

我们总是想怎么能让自己变得更好，让自己过得不那么颓废，没有实际行动的空想是毫无意义的，改变必须通过切实的行动才可能发生。从一些日常生活中的小事开始做起，认真去做，用心去做，以此让自己重拾对生活的热爱。

人的心灵跟房间一样不适合堆放太多杂物，借着整理凌乱的房间来整理自己凌乱的内心，借着打扫积了灰尘的房间来祛除内心长期郁积的阴霾，让生活回归原本的状态，你就会发现，生活真的可以不一样。

有时，人之所以变得空虚、无聊、颓废、焦虑，对什么事都没有兴趣，是因为从未获得过心理学上说得那种"高峰体验"，也就是说没有通过努力、奋斗和投入，得到一种夹杂着成功、荣耀、完成、自我肯定等在内的极度强烈的兴奋感，让自己享受到摆脱了怯懦、自卑、紧张的快乐感觉。

当你认真地做完一件事，能够让你获得更多的信心。可能之前的你，会觉得自己什么都不行，所以心灵上就变得越来越懒惰，什么都不想尝试。现在，强迫自己有目标地行动起来，让自己必须做一件事，你便能够从中体验到许多阶段性胜利，你会发现从前是你低估了自己，忽视了自己的潜能。你会发现，过去不敢做的事、很难做的事，只是因为你没有去做罢了。

○ 阅读是放松自己的最佳方式

我始终相信我读过的所有书都不会白读，它总会在未来日子的某一个场合帮助我表现得更出色，读书是可以给人以力量的，它更能给人快乐。

孟德斯鸠说："喜爱读书，就等于把生命中寂寞的时间变成巨大的辰光。"

罗曼·罗兰说："读有益的书，可以把我们由琐碎杂乱的现实升到一个较为超然的境界，能以旁观者的眼光回顾自己的忙碌沉迷，一切日常引为大事的焦虑、烦忧、气恼、悲愁，以及一切把你牵扯在内的扰攘纷争，这时就都不再那么值得你认真了！"

著名的央视主持人董卿说："我始终相信我读过的所有书都不会白读，它总会在未来日子的某一个场合帮助我表现得更出色，读书是可以给人以力量的，它更能带给人快乐。"

读书的真实味道，就是心灵对生命真谛与人生意义的探索、追寻和感悟。读一篇美丽的文字，犹如醍醐灌顶，是感官到心灵的高度享受，可以抹去浮躁、淡化名利、忘却纷扰，颐养了心灵，超然了生命。读书时你会突然明白生活的意义，找到自己在生活中的位置。

T女士是一个"80后"，也是一个二胎宝妈。三十而立的年龄，压力铺天盖地袭来，大宝该上小学了，二宝还在怀里吃奶，每天醒来就是房贷、车贷……操心完大宝的学习情况，就该给二宝喂奶了，家务活堆积如山，还得处理各种人际关系，而每天唯一的闲暇时光只有孩子睡着之后的两个小时。

可能很多宝妈在孩子睡着之后会选择追追剧、补补眠，抑或躺在沙发上什么也不做，让自己彻底放松。而T女士放松自己的方式却略有不同，她认为看书是身心得到休憩的最佳方式，她喜欢看书。

不管人世如何喧嚣拥挤、风雨飘摇，只要翻开书，躲进书中这个丰富而有趣的世界，她就感觉风也温柔，雨也宁静。书中的世界就像一个与世隔绝的避风港，让她卸下一身的疲惫。

英国有项研究发现，阅读是放松心情的最佳方式。因为阅读时我们会将思绪集中在内容上，进入文字的世界从而忽略身边的紧张源，心灵由此得到放松。阅读会在6分钟内使心理压力水平降低68%，相比之下，听音乐能够缓解61%的压力，喝茶或咖啡能减压54%，散步最低，大概为42%。

巴菲特的"黄金搭档"查理·芒格曾说过："有一本书，我就永远不会觉得自己浪费时间。"巴菲特同样也是一个喜欢阅读的人，他在挑选候选人的时候，甚至还把阅读当成了一个参考标准，在接受媒体采访时巴菲特直截了当地说道："我之所以挑选这两个人，是因为他们的阅读量几乎和我一样多。"

为什么这么多人都如此喜欢阅读？因为阅读除了可以让自己更加放松之外，还可以给自己增值，比如：增长知识、开拓视野、学习技能等。

书籍是人类最宝贵的财富，是我们的精神食粮，很多时候，我们都希望自己变得更加充实，这个充实指的不是物质上的，而是指精神世界。多看书、常读报，既能让我们广闻博识，又能让我们放松身心。当我们在生活中遇到很多的不解、疑惑和怎么办时，都可以从书中汲取前人经验，找到解决问题的方法和答案。精神世界有序丰富，生活、工作才能活力十足。

除此之外，读书可以让人享受一次专注只做一件事的过程，那种融入书中、徜徉在知识的海洋里的时刻，同时也是享受的时刻。经常用心地读书可以锻炼一个人的专注度，专注度提高了，就可以将这种专注能力运用到各种工作中去。

在诸多的好处当中，阅读最大的好处就是能改造一个人的大脑，改变他的思维和格局。一个人读书的多少，决定了他对自己、他人和世界的认知程度，也决定了一个人的见识和格局。只读了一百本书的人，与读了成千上万本书的人，看到的世界是不同的，对人生和幸福感的体验也是不同的。

把读书当成一种习惯，你会受益终生。这里有一些培养阅读习惯的方法，你不妨一试：

1. 每天找出一段时间来读书

不管生活和工作有多忙，每天记得留出一小段时间来读书，哪怕只有 5 分钟。比如，早餐和中餐的时候，看一两篇文章；晚上入睡前，读一会儿书。每天读书的时间加起来可能只有 15 分钟，但一个月下来呢？一年下来呢？就是一大笔"财富"。

2. 找一个安静的地方读书

在家里某一安静的角落，沏一壶好茶，泡一杯香浓的咖啡，在椅子上放一张舒适的毛毯。关掉电脑和电视，没有娱乐设备，没有家眷，没有任何声音的干扰，安安静静地做一只书虫。沉浸在书海中，你会发现这是你一天当中最惬意的时光。

3. 随身携带一本书

准备出门的时候，别忘记带上一本书。在路上，在休息厅，在咖啡馆，等人的时候，都可以拿出来看一看。与其把时间白白浪费掉，不如充分利用起来看看书，这是最切实可行又受益的方法。

4. 列一个读书的清单

给自己制订一个读书计划，上面列上一些你想读的书的清单。把这份清单放在每天能看见的地方，然后按计划一本本地去读。当然，这份清单可以是动态的，当你在别人那里听说或者在网上看到了一本好书，马上加进去。一本书读完了，就马上划掉。每读完一本书，也可以试着写写感想。慢慢地，你就会发现自己在读书的过程中有了很大的提升，这种提升不只是知识面上的，也包括思想和心灵上的。

○ 把时间用在觉知美好的事情上

我们每天这么努力地活着，为的不是成为别人，也不是要改变世界，而是要找到自己想要的。用自己最擅长、最舒服的方式活在世上。

我们生活在一个充满紧张的世界，不安的因素环绕在身边，脸上和言谈中随处都显现出一种莫名的严肃。紧张，似乎已经成了生活和工作的基调，许多人只晓得接受，却不知如何调节，任由它侵扰着内心，制造压抑和束缚。

这样的生活情景，你是否觉得很熟悉？

担心上班迟到，从早上开始就死盯着手表不放，恨不得立刻就出现在办公室里；偶尔一天工作的进度慢了，内心就开始焦虑，恨不得把吃饭、睡觉的时间都搭进去，赶紧把工作补上；若是哪天被堵在了上班路上，心里就开始担忧：老板会不会怀疑我的工作态度？总而言之，心里时刻都在为了时间焦虑，不断地问自己是否还来得及？这样算不算浪费时间？

如果真是这样，那你可能要关注一下"时间焦虑症"了，这是一种因为对时间过于关注而产生情绪波动的生理变化现象。现代都市女性越发感觉时间不够用，做事匆匆忙忙，不喜欢无所事事，如果有一段时间什么都没做，就感觉自己在浪费生命，产生严重的罪恶感。更有甚者，会因为花费一两个小时散步、看电影而觉得自己浪费生命，非要在事后把这个时间用工作弥补上，才觉得心安。

W 小姐就是一个严重的时间焦虑症患者。在职场打拼十余年，她每天都活在对时间的焦虑中："我真的不知道该怎么调节这种焦虑感，特别是节假日的时候。虽然处在假期里，可我不能允许自己浪费时间，每天都要追问自己是不是对时间进行了充分的安排。总觉得必须有事情做，哪怕是钓鱼、爬山、购物，就是不能让时间闲着，必须充实才觉得没有浪费假期。可说实话，这样的安排也没有让我多高兴，只是图一个心安。"

对于自己的时间焦虑症，W 小姐自己也有意识，且做过一些努力。她说："当我发现自己内心不安时，我会告诉自己，别那么苛刻，要懂得享受生活，偷懒一下没什么关系。但这种自我安慰的效果只是一时的，很快我又会为无所事事感到焦虑。这种矛盾让我很痛苦，左右为难，纠结得很。"

W 小姐对时间的焦虑，最根本的原因在于对人生价值的追求，她总觉得必须充分利用每一分钟才有意义，否则的话，就是虚度人生。传统的教育告诉我们，浪费时间是可耻的，但这种观念是有特指的：在该认真做事的时候，要充分利用每一分钟，这样才是高效。可生活需要的是品质，所谓的品质就是要把时间放在觉知美好上，去感受时光的流动，而不是去盲目地追赶时间。

想摆脱对时间的焦虑，就要清楚每一件事情存在的意义，以及自己当下最需要的是什么，如何做出最有利于自己的抉择。比如，你觉得最近很累，那么睡觉的时间就是重要的，它能够帮你恢复体力，更好地应对工作；如果你最近压力很大，那么请假出游几天，回归大自然，是比较合适的选择，这不是浪费时间，是劳逸结合，舒缓情绪。只要有目的地去利用时间，无论睡觉、郊游、看电影、健身，这些时间都是有意义的。明白了时间的意义，才不会每天担忧自己在浪费时间。

如果总觉得时间不够用，那也要思考一下：是不是自己想要的太多了？时间有限，而想做的事越来越多，可分配的时间自然就少了。问问自己：真的需要做这么多事情吗？有时候，我们想做的并不一定是内心真实需要的，而是攀比的心理在作祟。

别人都在追风去做的事情，未必真的适合你，你本以为到海边吹风很享受，结果却被嘈杂的人群弄得很烦心；你以为去日本体验温泉会很舒服，结果发现还不如躺在自家的浴缸里感觉卫生。

我们每天的忙碌，为的不是成全别人，也不是要改变世界，而是要找到自己想要的。用自己最擅长、最舒服的方式活在世上，做自己生命的主宰者，对时间的焦虑感就会降低，因为你已经抓住了自己的人生。

○ 把寻找一个朋友当作一件很重要的事

亲人是上天为我们选择的朋友，朋友则是我们为自己选择的亲人！所以，我们一定要把寻找一个知交好友当成一件重要的事。

《来自星星的你》是前几年很火的韩剧。相信大家都发现这样一个问题，每当千颂伊情绪不佳的时候，她就会去找她的好友洪福子。可以说，在剧中，除了李辉京之外，洪福子是千颂伊唯一的朋友了，她就像千颂伊的一个避难所，不管在外人面前，千颂伊是耀眼的巨星也好，还是人人喊打的过街老鼠也罢，洪福子对她的态度一直不变。

洪福子的家对于普通人来说都极其简陋，更何况对于千颂伊这种衣帽间都比它大的明星，但是每次千颂伊去洪福子那里借宿时，她都不会像她平日里那样自大地嘲笑房间的简陋逼仄，而是表现出宾至如归的惬意，嘻瑟地躺着吃橘子、吃泡面。可以说，千颂伊对洪福子是绝对的信任，作为一个时刻都需要粉饰自己的明星，只有在洪福子这里，千颂伊才能彻底地卸下伪装，放飞自我。谁又能想到眼前这个抠脚大汉般的女汉子，就是众人心中的女神呢？

千颂伊信任洪福子，洪福子也用自己的信任来回报。虽然很多时候，洪福子会毫不掩饰地表现出厌烦千颂伊时不时地骚扰自己，但是当千颂伊遭遇网络暴力的时候，洪福子一条一条地反驳，为千颂伊辩解，告诉大家千颂伊绝对不是别人口中的样子。

现实生活中的我们也是一样，在我们情绪低落的时候，第一个想到的不是亲人，而是朋友。大多数时候，是朋友陪伴在我们身边，不厌其烦地倾听我们的苦恼，帮我们解惑释疑，和我们一起哭一起笑，帮助我们重新振作起来。在我们遇到困难的时候，安慰我们、鼓励我们、支持我们，帮助我们走出困境的也是朋友。

余秋雨说："人生在世，可以没有功业，却不可以没有友情，以友情助功业则功业成，为功业找友情则友情亡。"的确，朋友和父母亲人一样，是我们生命中不可或缺的一部分，我真的无法想象，假如一个人没有朋友，他的生活会是什么样子。

"高山流水觅知音。"伯牙与钟子期的典故我们耳熟能详。子期能听懂伯牙的音乐，当得知子期逝世后，伯牙摔琴谢知音，因为再不会有人能听懂了。能遇到一个知己，伯牙是多么畅快。当知己离去，他又该如何伤怀。无论是谁，都应该有一两个无话不谈的知己，他们是生活中温暖的色彩，不一定要常常联系，但我们知道，他们的电话对我们没有时间的限制，家门会永远为我们敞开。在这个忙碌而利欲横行的社会能够交上几个朋友甚至遇见一个知己，那真是太幸福的事了。

记得看过这样一个感人的故事。

在日本的一所普通的民宅里，主人在闲暇的时候，时常看到有只壁虎叼着昆虫在木板墙壁上跑来跑去。

出于好奇，主人便把木板墙壁拆下来看个究竟，一看不要紧，他惊奇地发现在木板墙壁的夹层里，有一只壁虎正在大口地吞吃着昆虫，而身体却被铁钉牢牢地钉在了木板上，那只横穿过壁虎尾巴的钉子，却是10年前主人修理墙壁时钉上去的，已经锈迹斑斑。这说明这只被钉住的壁虎，已经在这个狭小、黑暗的空间里存活了10年，却看上去仍然很快乐，没有一点儿忧伤的样子。

这只壁虎是怎么活下来的呢？主人马上想到了那个整天忙碌的小壁虎，答案毋庸置疑。这个被困住的壁虎，正是靠另外一只壁虎朋友不断地把食物送来，才得以活到今天。对于人而言，10年是很漫长的，而对于小小的壁虎却是尽其一生。况且，每次出去觅食，都可能有生命的危险，但是那只小壁虎就这样年复一年，为了在困境中的朋友能够存活下去，而付出了一生的精力。

漫漫人生路上，有了朋友的扶持和分担，生命之重才不会不堪承受。在人生的风风雨雨中，朋友可以为你遮风挡雨，为你分担烦恼，为你解除痛苦和困难，时时伸出扶助之手。他是你受伤时的一剂创可贴，是你饥寒时一杯温热的白开水，是你落泪时的一块手帕。他是金钱买不来、虚假换不到的，只有真心才能够换来最可贵、最真实的东西。

当某一天蓦然回首往昔，常常会不经意地发现，在你成长的每一段路中，当你被迷惘和困惑、孤独和无奈包围时，当你曾经绝望到想要结束生命时，能让你倾诉衷肠的往往并不是父母、兄弟、姐妹，而是你的知心朋友，那个愿与你一起分担痛苦和悲伤的朋友。

当然，毕竟任何友谊都是相互的，朋友遇到困难和麻烦时，你也要及时地给予朋友一些力所能及的帮助，用我们的真心回报朋友相知相契的情谊，温暖他们的心，点亮他们的希望和梦想，成就我们和朋友一生的友谊。

假如我们不把朋友的困难放在心上，处处为了自己的利益着想，即使朋友曾经和我们一起面对苦难，在人生中最黑暗的时候帮助过我们，但在最后也会因为我们的自私而离开我们。只有拿出真心对待朋友，这种共患难的情谊才能够长久地维持下去。

总之，拥有了朋友，就要珍惜，要用心呵护。有一个在乎你的朋友关心你，是一种幸福；有一个在意你的朋友扶持你，是一种幸运。朋友的爱是一种寄托与动力，不要漠视、轻看这份可遇不可求的情缘！记住：亲人是上天为我们选择的朋友，朋友则是我们为自己选择的亲人。

○ 优化圈子，和充满正能量的人做朋友

> 我们能走多远，取决于与谁同行，与凤凰同飞的，必是俊鸟；与虎狼同行的，必是猛兽。物以类聚，人以群分，如果你的身边充满正能量的人多了，你也不会允许自己颓废。

前段时间接到一个网贷平台的电话，一个毫无温度的男声问道："你是某某的亲戚吗？某某在我们平台贷的款，已经严重逾期，如果你能联系上他，请他尽快还款。"

我心中非常震惊，因为他说的这个人的确是我的远房侄子，一个一直以来都比较老实憨厚的人。最重要的是，这个人是我们家族中混得比较好的人，有着让人羡慕的生活和事业，我完全无法把他和网贷联系起来。

于是，我给老家一个平时联系得很频繁的亲戚打电话，旁敲侧击地问了一下这个远房侄子的情况，才知道了事情的缘由。

原来，这几年在老家，侄子混得风生水起，也结识了一些酒肉朋友，每天不是赶场子喝酒，就是赶场子赌博，最后赌博赌得倾家荡产，还欠了一屁股债，亲朋好友借了个遍，最后实在没有地方能借到钱了，就盯上了网络借贷。

远房侄子之所以从一个有为青年变成一个赌徒，一部分原因在于自己经不住诱惑，不懂得悬崖勒马，还有一部分原因则是跟他生活的圈子有关。假如他的生活圈子都是一些务正业、干实事的人，也就没有滋生恶习的温床了。

人生就是一个选择与放弃的过程，我们要学会优化自己的圈子，因为圈子决定你的命运和未来！从某种程度上来讲，这辈子你所认识的人，决定着你一生的成败。

我们可以看看那些成功的人，他们的身边多半都是成功人士。而那些失败的人，他们要么是"孤家寡人"，要么就是与同样都是失败者的人混在一起。这些人唯一能做的，就是怨天尤人，就是一起朝着更加悲惨的境地堕落。

X小姐从小就是一个知道自己想要什么的女孩。工作后，她有了第一个男朋友，一贯努力上进的X小姐对男朋友同样有望夫成龙的心思，因此对男朋友也有着很严格的要求。可是事与愿违，男朋友也毕业好几年了，却薪水没涨，职位未升，这让X小姐百思不得其解。直到后来，X小姐陪着男朋友参加了一次高中同学的聚会，才知道了症结所在。

那次聚会上，男朋友的老同学看上去都是那么老实本分，没有什么进取心，观念十分保守。这些人里，没有一个人在公司里有较高的地位，而且总是假装淡泊名利，满足于这种生活。跟这样的人在一起，怎么能成功呢？为了改变男朋友，X小姐很认真地和他进行了一次沟通。

X小姐严肃地对男朋友说："我不能和一个没有任何理想和目标的人约定终生。如果你想让我们过得更幸福的话，从现在开始就必须改变你的生活态度，去结识那些比你优秀的人。"

幸运的是，X小姐的男朋友也很赞同X小姐的观点，他欣然地接受了X小姐的建议。从此，X小姐的男朋友开始主动结识那些有进取心、有活力的人，并努力跟公司内部有影响力的同事走得很近。

起初，与那些优秀的人交往的时候，X小姐的男朋友感觉到有一些压力。但不久之后，他发现跟这些人在一起，不仅可以让自己变得快乐，还能学习到很多东西。慢慢地，X小姐的男朋友的生活，在这些优秀人的影响下改变了。

积极的态度，自然会成就积极的结果。半年后，X小姐的男朋友在公司里有了明显的进步；一年后，他被提升为部门经理！如今，X小姐的男朋友比以前更有自信心，也比从前更愉快、更勤快了，并且还加入了青年创业计划联盟，和更多有理想、有热情的年轻人成了朋友。从他们的身上，X小姐的男朋友才感觉到，当年蹉跎了太多时光！

生活中，大多数人都喜欢结交与自己类似的人，并且还会随着时间的流逝，变成一样的人。事实上，如果一个没有梦想的人跟一个成功人士在一起的话，他也会慢慢地拥有属于自己的梦想。就好像一条小鱼，如果它能结识那些跳过龙门的同伴的话，它才会产生跳龙门的愿望。接下来，它才会为跳龙门积聚力量，才有跳龙门的勇气。

想成为什么样的人，你就要选择跟什么样的人在一起。你想变得积极，就要找比你更积极的人在一起。你要变得优秀，你就要主动寻找比你更优秀的人。

与比你更优秀的人在一起，并不是为了能从他们的身上得到实质性的帮助。只要我们同他们交往，就能感受到一股积极的力量，这才是最重要的。这些人不管遇到多大的挫折，都会勇于面对并且跨过去，他们积极的心态，注定他们以后不平凡的人生。

我们能走多远，取决于与谁同行，与凤凰同飞的，必是俊鸟；与虎狼同行的，必是猛兽。物以类聚，人以群分，如果你的身边充满正能量的人多了，你也不会允许自己颓废。

○ 坚持运动，保持健康的体魄和心理

健康是一个人最大的财富，只有身体健康，我们才可以以充沛的精力去面对生活，以快乐的心态来面对压力。

《三十而已》是前段时间大火的都市情感剧。剧中童瑶饰演的顾佳是男人心目中的最佳老婆，女人心中学习的标杆。人设很完美、结局"意难平"的顾佳说，有了孩子之后，她不敢生病。即使再忙，顾佳也会坚持锻炼，瑜伽、泰拳一样不落。因为丈夫许幻山有脂肪肝，顾佳便陪老公一起不吃晚饭。

可以说，顾佳是很多普通女人都难以企及的人，人美能力强，还懂得平衡生活。如果许幻山没有那么多花花肠子，他们一家子在顾佳的规划之下不脱离正轨，可以过上他们想过的任何生活。

现在的年轻人，像顾佳这样在乎自己身体的很少：饮食不规律、作息时间不规律，缺少睡眠、长期吃高脂肪、高胆固醇的食

物、久坐不动缺乏锻炼、肥胖、长期紧张、熬夜、酗酒、吸烟和滥用药物……年轻的时候，身体或许还能扛得住，但是过多地消耗你的身体，一旦进入中年后，你就会发现身体呈现剧烈的下降之势，身体的各种毛病不请自来。

林语堂先生曾经说过："地球上只有人是在拼命工作，其他的动物都是在生活。动物只有在肚子饿了才出去寻找食物，吃饱了就休息，人吃饱了之后又埋头工作。动物囤积东西是为了过冬，人囤积东西则是因为自己的贪婪，这是违反自然的现象。"

"即便你赚得了全世界，如果赔上了自己的生命，那又有什么意义呢？"这是耶稣曾经告诫人们的话。的确，假如你没有了健康的身体，那么即使你再成功，再获得荣誉，再被人敬仰，又有什么意义呢？当你的身体累垮了，不能继续从事你的工作了，会有另一个人来接替你，而你之前的付出和努力就变得毫无意义。我们不能想象屋子塌下来之后的情形，可是，即便屋子真的塌下来了，我们依然还能够搬到别处去住。然而，一旦自己的身体垮了，我们只能将灵魂搬走。

道理人人都懂，但有几个人能够真正地做到呢？生活中很多人正值事业的上升期，长期超负荷地去工作，当身边的人让他运动、关注身体的时候，他会立即反驳说："我没有时间保养身体，我不得不工作，因为生活的压力太大了。"身体常常超负荷的工作，再加上长期不运动，身体就会经常处于亚健康的状态，这种状况如果得不到及时调适，长期累积会引发多种身心疾病。

M 先生今年刚刚三十而立的年纪，正值年富力强的时候。然而就在几个月前，他突然发觉自己特别容易疲乏，只要稍微工作一会儿，就觉得劳累、头晕眼花、腰还疼，工作时难以集中注意力，对工作也失去了从前的激情和干劲儿。

与此同时，M 先生原本比较开朗的性格，也逐渐转坏。他变得容易发怒和焦虑，心情总是很低落。周末的时候，他会一个人待在家里，也不愿意约朋友一起出去玩。

M 先生感到自己生病了，于是到医院进行了一番全面的检查。然而检查报告却显示，他的生理机能一切正常，根本没有生病。

现在这个社会，有很多年轻人都是 M 先生的这种状态。其实，这种情况，就是典型的亚健康状态。工作压力过大、身体过度疲劳，这些表面上看起来的小问题，其实正威胁着很多人的健康。如果不注意调节和休息，很容易诱发多种疾病甚至猝死。

健康，是我们人生最宝贵的资产，也是最根本的利益，应要重点去经营。近一个世纪以来，美国人的平均寿命提高了 30 岁。其中，医药治疗只起到了延长 5 年寿命的作用，而预防的理念却让美国人多活了 25 年。

统计资料显示，在美国人早逝的所有原因里，50% 与个人生活方式有关，20% 与环境有关，20% 与遗传有关，仅仅 10% 与医疗服务有关。深谙经济学的美国人如今为健康也算起了账，他们认为，关爱健康是付出最小、回报最大的投资。

身体是革命的本钱，所以，再忙也要坚持运动。合理的锻炼，可以帮助我们增强体能，同时增强心肌收缩力，提高机体的免疫力，加快人体的新陈代谢。这样一来，我们的身体细胞的衰老速度就会大大减慢，从而减少高血脂等身体疾病的发生率，可起到延年益寿的良好功效。

不要觉得自己忙就没有时间锻炼。很多工作节奏比我们还要快、生活压力比我们还要大的人，都能坚持运动。很多人为了应对高强度的工作而长期坚持科学合理的体育锻炼，如跑步、打球、打拳、骑车、爬山等，从而保证机体的健康和活力。我们也可以如此，每天跑半个小时的步，或是去专业健身房进行锻炼，都对我们保持健康的体魄和心理有极大的帮助。

除了运动之外，心态健康也对我们强身健体有很大的帮助，因此，你应该记得以下几个建议：

1. 保持一颗平常心

态度决定成功，态度决定健康。不要以为心理状态和健康没有关系。面对繁杂的工作或者突如其来的状况，要坚持让自己保持平和的心态，这样才能不乱了分寸，按照自己的节奏有条理地处理问题。否则，我们只能忙得没了手脚，导致效率极低。这样一来，原本可以进行锻炼的时间，却被一点点剥削了。

2. 恰当处理工作问题

我们的生活里有工作，但工作却不等于就是我们的全部生活。所以，我们要分清工作和生活中的角色，承认并正视自己的工作局限性，尽量不把工作中的问题带回家。同时，我们还要学会享受工作中的乐趣，这样心态自然就会端正。

3. 保持良好的心情

不可否认，任何人都有痛苦和烦恼。陷入痛苦的人，必然会心态失衡，因此要选择一种堕落的生活方式或行为进行发泄，如大量的饮酒、抽烟等。

这么做，的确可以暂时抚平内心，但对身体的伤害，同样也是巨大的。所以，遇到痛苦和烦恼之时，应该进行调整，不要让负面情绪长期占据你的心。如果实在难以自我调节，那么就寻找一个健康、不伤害其他人的发泄方法，将负面情绪发泄出去，从而尽快恢复平衡和健康的心理状态。

总之，健康是一个人最大的财富。只有身体健康，我们才可以以充沛的精力去面对生活，以快乐的心态去面对压力。身体健康，工作起来就会得心应手，实现人生目标的可能性就会大大提高。如果没了健康，则生趣全无，效率锐减，生命也会因而黯淡，更不要谈赚钱、奋斗。

所以，不管你是什么年龄，身处什么样的阶层，都要关注健康。否则，即使你取得了财富和成功，自己却重病缠身，甚至命丧黄泉，那又如何享受幸福和快乐呢？

○ 定期充电，你的实力就是你的底气

不断学习或许无法助你成为强者，但不学习你可能永远都是弱者。让学习成为一种习惯，把定期充电列入你的人生计划，你绝对没有时间去颓废。

不可否认，学习是一件辛苦的事，寒窗十几年，当你终于毕业的时候，是不是也有一种如释重负的感觉——读了十几年的书，终于可以不用再读了。诚然，谁都喜欢轻松舒适的生活，当走出校门之后，终于解脱的你可能更喜欢把时间花在娱乐之上，比如说在业余时间追剧、看电影，但是我们需要明白的是，毕业只是生活的开始，步入社会之后才会面临真正的挑战，要想在社会竞争中争得一席之地，我们永远不能停止学习。

有一个即使60多岁了，依然不忘给自己充电的老人说道："世界变化太快了，有很长一段时间，我觉得自己心力不足，追赶不上它

的脚步。那时候，我慌乱、焦急、烦躁不安，不知道该怎么办。那感觉，就好像被世界抛弃了，心里非常失落。后来我知道，是我对生活失去了信心，对自己失去了信心。身处一个浮躁的大环境，没有一颗强大的内心，肯定无法安心地活着。于是，我开始像年轻人一样，坚持每天学习，为心灵充电加油。慢慢地，我看到了自己的进步，而我也在进步中体会到了充实的滋味，逐渐找回了对生活的信心。"

对于这个老人的行为，很多人不理解：都这么大岁数了，不好好享受晚年，还折腾什么？这个老人说，他在学习中获得了前所未有的快乐。年轻时，因为家庭的关系，也因为自己的无知，错过了学习的好机会。而现在，他最大的理想就是坚持学习，把自己的学历提升到高中，之后是大学，最后成为一名律师。

放眼望去，步履匆匆地行走在繁华街头的人们，地铁里严肃而冷漠的一张张面孔，似乎对生活已经变得麻木，所有的忙碌只为了谋生，只为了房子、车子、面子。生存的压力，让许多人忘记了什么是生活，也没有耐心等待积少成多的过程，总想着走快一点儿、再快一点儿，追上理想，追上幸福。

可是，幸福并非一种状态，而是一种心态。只把目光和思想停留琐碎的事情上，人生还有什么乐趣可言？在这个日新月异的时代，要感受到愉悦和幸福，不用马不停蹄地加快生活的脚步，而是要不断地拓宽眼界，从周围汲取知识的养料，滋养躁动的心，让它更强大，更容易发现快乐、感受快乐。

对任何人而言，在任何年龄段，学习都是充盈内心的最佳途径之一，它能让你体会到思想逐渐变得深厚的喜悦，让你看到生命的成长和潜能。当然，学习的含义并非接受正规的教育课程，学习的场地也不仅限于校园，它是心灵所需的自发运动，贯穿生命的全程。

在知识呈爆炸性增长的现代社会，"书到用时方恨少"是我们常常碰到的事情。无论是刚走出校门的你，还是工作经验丰富的职场人，都有一个共识——仅仅靠在学校的知识积累根本没办法保持自己的竞争优势，要想实现自己的价值，让自己活得更好，我们必须不断更新自己的知识，充实自己、提高自己，如此才能不被时代抛弃。

M君并不是传统意义上的精英人才，因为他小时候学习是一件比较奢侈的事，少年的他和大部分人一样，读完了九年义务教育便走向了社会。

18岁的时候，M君在哥哥开的工厂里上班，每天在流水线上工作，生活枯燥而乏味。天资平凡、学历平凡、工作平凡、生活平凡都没有磨去M君的斗志，因为他有一个伟大的志向，那就是做一个成功的生意人。

在哥哥的工厂里待了不久，M君就来到深圳。他发现，城里的房子越建越多，装修行业大有可为。于是M君瞅准了商机，他觉得做装修生意一定能赚到钱。但是此时的M君既无资金，又无经验，如何做生意？几经思考，最终M君决定先去一家装修公司打工，从学徒做起，积累经验的同时，积累启动资金。

就这样，不怕吃苦、喜欢学习的M君在那个装修公司埋头苦干了几年，通过几年的不断打拼，M君赚到了他人生中的第一桶金。接着，他开始创办自己的企业，因为他一直没有忘记自己的梦想，他要成为一个成功的生意人。

公司成立之后，M君的生意果然很火爆，他的生意越做越大，钱越赚越多。按说，此时的M君应该感到心满意足，但是事业的成功却没有让M君感到快乐和满足，反而有些失落。因为生意场上的几次经历刺痛着他的心：由于文化水平较低，表达能力欠缺，在与他人的竞争中，好几次都被别人抢走了生意；同别人签合同时，由于理解有误，又吃了好几次哑巴亏；还有些人总是在背后笑他的字像小学生一样，难看得要命！他知道光有钱是不够的，还要丰富自己的学识和内涵，用知识来武装自己的头脑，成为一个有文化的生意人。

于是，M君决定自费去高校学习文化课程，借此提高自己的文化知识。同时，他还做起了文化生意，主动与文化人打交道。和他们在一起，M君不仅更会做生意了，还学会了很多做人的道理，提高了自己的修为。

如今，M君的事业已经越做越大，但他依旧常说："我还要不断学习，才不至于被社会淘汰，才能在竞争中立于不败之地。是学习让我改变了自身的命运，学习将伴随我的一生。"

然而，现实中有太多随波逐流、追求安逸的人，过着十年如一日的生活，如果M君也和这些人一样安于现状、不思进取，那么他也会被淹没在人生的命运长河里。

有人说："三日不读书，便觉面目可憎。"读书或许不是我们的爱好，但学习不能不成为我们的习惯。爱读书或许无法助你成为强者，但不学习你可能永远只是失败者。所以，让学习成为一种习惯，把定期充电列入你的人生计划，你哪还有时间去颓废？

1. 要让学习变成一种习惯

行为科学研究结论证明：一个人一天的行为中大约有 5% 是属于非习惯性的，剩下的 95% 都是习惯性的。不管你打算学习什么，都要试着把这个学习计划变成自己的习惯。对此，我们最熟悉的莫过于 21 天习惯法，但这个周期只是大概的情况，对不同的人和习惯来说也会有所变化，周期从几天到几个月不等。但不管周期是多久，总会历经三个阶段：刻意、不自然—刻意、自然—不经意、自然。完成了这一过程，就能养成新的习惯。

2. 把每天的学习计划放在首要位置

每天提前起床 10 分钟或半个小时，用来完成学习计划。尽量把学习计划放在第一要做的事情上。有时，你可能会发现自己很忙，没法拿出单独的时间来学习，这时不妨把零散的时间利用起来。比如，上下班坐车的时间，你完全可以默记几个单词，也可以听有声读物，完成读书计划。

3. 行动起来，学习永远不会太迟

心里一直很想做的事、想学的东西，不要因为年龄和身份的缘故就放弃，要知道学习是一生的事，不管是少年、青年、中年还是老年。有人曾经说过这样一句话："少年时好学，就像日出的光芒；壮年时好学，就像太阳升到天空时那样明亮；老年时还能好学，就像点燃蜡烛发出的光亮。"蜡烛的亮光虽然微弱，但同没有烛光在昏暗中愚昧地行动相比较，哪一个更好一些呢？如果你意识到了这一点，就赶紧行动起来。学习，什么时候开始都不晚。人的一生能够始终保持认识到学习的不足，保持学习的热情，其实是一件很幸福的事情。

○ 作息规律、早睡早起会让你一整天都充满元气

大自然的法则严格而细致，任何试图改变生物钟的行为，都只能给身体留下各种莫名其妙的疾病。

很多人在休息不好、睡眠不足的情况下，更加容易脾气暴躁，萎靡不振，从而陷入颓废之中。当我们美美地睡一觉起来，总会感觉神清气爽；睡眠不足的时候，我们总会觉得疲惫萎靡。可见睡眠的充足与否，直接影响着人的精神状态。而人的精神状态，又直接关系着人的健康。

在现代人中，越来越多的人患上失眠症，可以说，睡眠已经成了困扰当代年轻人健康的主要问题之一。卫生部门在一次"健康睡眠"调查中发现，40%常常失眠或者睡眠质量欠佳的人都是35岁以下的年轻人，参与调查的专家一致认为，现代青壮年的睡眠问题日趋严重，保持充足的睡眠变得尤为重要。

为什么睡眠对健康有着如此重要的影响？因为，人体的各种活动要消耗能量，人体内各种器官的正常运行也要消耗能量。所以整个白天，人体都是处于能量消耗状态的。电池用光了要充电，人的能量消耗完了也要补充。睡眠，就是一个能量补充的过程。

所以，当你身体不好、状态不佳的时候，医生都会建议你早睡早起，保证充足的睡眠，最好在 11 点之前就能进入深度睡眠。

大自然的法则严格而细致，任何试图改变生物钟的行为，都只能给身体留下各种莫名其妙的疾病。长时间不规律地作息，睡眠不充足，会影响身体各项激素的分泌，降低免疫力。而当你发现生病的时候，健康早已离你远去再难追回。所以，保持健康，从睡眠做起，请改变熬夜的生活习惯，保证充足的睡眠吧。

正值壮年的 C 先生，现今已经是一家外贸公司的销售副总。为了早一天跻身公司的高层，C 先生没日没夜地工作，放弃了一切假日，终日思索如何才能将销售范围进一步扩大，让自己的地位进一步提升。

有一天，有位同事不到 7 点便来到办公室，这位同事本以为今天自己是办公室里来得最早的。没有想到的是，当他推开门之后，发现 C 先生已经坐在办公室里对着电脑开始认真工作了。这位同事好奇地说："您怎么这么早就来单位了？"

C 先生一脸惨白，有气无力地说："我昨晚就没有回去，一直在这里加班……"

C 先生的话，让那位同事大吃一惊。他说："不睡觉很影响健康的！你看你的脸色这么差，就是熬夜造成的！您赶紧回家休息吧！"

谁知，C先生疲惫地挥了挥手，说："没关系，我刚才已经在桌子上趴着休息了一会儿。好了，赶紧忙吧，今天还有好多事要做呢！"

这件事很快在公司传开了，C先生的上司也找他谈话，在表扬他工作努力的同时，也劝他应该注意休息。谁知，C先生却这么说："没关系的，我年轻，少睡一会儿问题也不大！让公司发展得越来越好，这才是我的目标！"

就这样，C先生按着自己的理解干了下去。没过三年，他就因为成绩斐然成了公司的一把手。然而令人没想到的是，就在他走马上任的第三天，他却因为心血管破裂住进了医院。

医生检查后发现，正是长期睡眠不足，导致了C先生的血压极其不稳定，心脏有着严重的隐患。一旦遇到突发状况，身体就会迅速崩溃。而那个晚上，C先生就是应酬到了凌晨4点，才导致急性病的出现。经过抢救，C先生虽然保住了命，但却成了一动也不会动的植物人。

大约55%的工伤事故和45%的车祸都是由于睡眠不好引起的，30%的高血压和20%的心脏病都是由失眠引发的。熬夜或是长时间的睡眠不足，则会降低人体的免疫力，让身体无法恢复能量，甚至可能导致人的精神崩溃，进而引起自杀。

那么，我们该如何才能保证睡眠？是不是睡得越长越好？答案自然是否定的。

美国加利福尼亚大学心理学教授柯立普克对 100 万名美国人进行了长达 6 年的追踪调查，结果显示：每晚平均睡 7 ~ 8 小时的人寿命最长，睡眠时间超过或低于这个平均数越多的人，提早死亡的可能性就越大。那些每晚睡眠不足 4 个小时的成年人要比那些每天睡眠正常的人的死亡率高出 180％。从这些数据中我们可以得出结论：只有适当的睡眠才可以有助于延长人体寿命。

所以，我们在重视睡眠的同时，也别陷入对睡眠的误区。为了达成良好的睡眠效果，我们可以在睡觉前做一些准备工作，来帮助提高睡眠质量，比如，睡前用热水烫烫脚、对身体进行按摩、喝点儿热牛奶等都有助于睡眠质量的提高。养成规律的生活作息习惯，会让你一整天都元气满满。

○ 生活了无生趣？那就先出去看看风景

> 走在路上，看陌生的风景，遇陌生的人，那种充实与满足感，是一种特别的人生体验。旅行并非一场简单的行走，而是在行走中寻求精神世界的富足，借助旅行的时光来感悟生活，感悟生命。

有人说："诗和远方，都是治愈身心的良药。身体和灵魂，总有一个应该在路途上。"难过、沮丧、迷茫、颓废、无法自处的时候，走出去看看风景，特别治愈。

旅行是一味药，可以治愈生活的苦。这是我的亲身体验。

小时候，我是别人眼中乖巧、听话的孩子，而我，仅仅只是想获得大人的喜欢而已。十七八岁的我，是认真做作业的乖乖女，清汤挂面的发型，宽松肥大的校服，三点一线的生活，张扬的青春与我无关，即使这样，也只是考上了一所普通的大学；20 多岁的我，带着一些迷茫和小慌张，踏入了社会，开始随波逐流……28 岁结婚，30 岁生子，我的一生简直就是"平凡"的总结。

其实，我一直都是比较知足的人，我也觉得我是一个足够幸运的姑娘。自由的工作，顾家的丈夫，健康可爱的女儿，两套坐落于市中心的房子。多少人梦寐以求的东西，我似乎都毫不费力就得到了。但是，这样的生活总是让我觉得缺了点儿什么。

究竟缺了点儿什么呢？

某一天清晨，我把女儿送到幼儿园，回到家后，把丈夫的衣服放在洗衣机里，然后将房间打扫一遍，收衣服、叠衣服、晾衣服、浇花。做完这一切，看了看时间，快 12 点了，该做午饭了，当我把饭做好，吃完饭，将厨房收拾干净后，又该准备去接女儿放学了。早上，女儿千叮咛万嘱咐，让我早点儿去学校接她，不愿女儿眼巴巴地等着，所以每次都提前 10 分钟去校门口。接回女儿，因为大半天没有见到妈妈，她变得比平时更加黏人，不管做啥都要妈妈陪着，直到下午丈夫回来接班，我才得以抽身。然后，我开始做晚饭，给女儿洗澡，读睡前故事，一般女儿睡着都要在 9 点之后，接下来的时间才是真正的属于我的时间，然后我开始工作，很长一段时间，我都没有在 12 点之前睡过觉，更别说参与其他娱乐休闲活动了。

我感觉，我的生命被扼杀在这一系列的日常琐碎中。我有很长时间没有好好看一本书、看一部自己喜欢的电影了，有了女儿之后，我都是陪她去看动画片，我也很长时间没有出去走走了。

某天清晨，我在送女儿上学回来的途中，忽遇一场大雨。被大雨淋透了的我，突然忍不住大哭起来。回到家之后，我没有像往常那样收拾这些琐碎，而是窝在沙发上躺了半天。我一直在问自己："我为什么会把生活过成这个样子？"

晚上丈夫回到家之后，我将我的所有情绪都向他倾诉出来，没有想到的是，丈夫是理解我的，只是平时工作太忙忽略了我的感受。他立刻给上司发了一封电子邮件，申请休年假。

给女儿的幼儿园老师请了假，我们收拾好行囊，一家三口去了云南。

在苍山洱海间，一切都是那么自然、那么淳朴。找了一家洱海边的民宿，享受着纯天然的农家饭，偶尔骑车到海边散散心，晚上在房间里，女儿和爸爸在一旁笑着、闹着，我则听听自己喜欢的音乐，阅读一本自己喜欢的书，感觉灵魂得到了重生。

虽然这次旅行只有短短一周，但是却让我的内心得到了真正的休憩。我突然发现，和丈夫之间的感情，似乎又回到热恋的时候，那些鸡零狗碎、茶米油盐都不足道了。

这之后，我们只要有时间就会出去走走，少则一周，多则10天，或远或近，有时候甚至只是换一个地方睡觉。但是当在另一个城市的酒店里躺着，远离身边的人和事，节奏自然而然就会放慢，你的身心也会得到很好的休息。现在，不光是我，就连丈夫和孩子都爱上了这种生活方式。

走在路上，看陌生的风景，遇陌生的人，那种充实与满足感，是一种特别的人生体验。旅行并非一场简单的行走，而是在行走中寻求精神世界的富足，借助旅行的时光来感悟生活，感悟生命。找到了自己的精神世界，就不用再借助外界的事物来填补心灵的空虚。

当然，常常有人会说："生活在远方，旅行是为了找到快乐。可是，旅行归来之后，一切并未改变，反而觉得更累。"其实，这就是一个最大的误区。要知道，心灵上的束缚和压抑，不是换一个地方就可以改变的，你若不能在旅途中寻回自己的心，那么走得再远也是徒劳。

苏岑说过一句话："走遍了全世界，也不过是想找一条走向内心的路。"想借助旅行缓解身心的疲惫，那就要明白旅行的真正意义，以及应该带着怎样的心态去旅行。

1. 旅行与现实不是对立关系

旅行不能太盲目，也不是意味着一定要辞职，要去很远的地方。旅行的形式有很多种，亲近大自然，到安静的地方走一走，感受不一样的风土人情，这些都是旅行的一部分。千万不要冲动地辞职，只为给旅行找一段时间，如果你没有经过深思熟虑就做出类似的决定，那么你的旅行就算不上旅行，只能说是一种"逃避"。别忘了，一切感受源自内心，就算你逃得再远，也逃不过自己的心。

2. 用心体验旅途中的点滴

旅行，不是简单地游山玩水，也不是向人显露自己的阅历，而是要用心去体验的独特情怀。旅行中看到的一切，是让我们回望自己，让我们在归来后有更加认真、更加积极的生活态度。旅行，不仅仅用腿，更要用心。

3. 给生活多一点改变和新鲜

生活太疲惫，很多问题纠缠在一起，理不清头绪，想暂时地喘息一下，那不妨出去走走。记住，在途中不要去想那些烦恼的人和事，不要向外去求解脱，享受暂时的疏解和欢畅，回来再做一个"新人"。如此，踏足的地方多了，漂泊的经验丰富了，那些风景与民族的色彩，会在你心中淡淡散去，而留下的是一个性格活泼、思想开阔、胸怀世界的成熟面貌。每一次旅行回来，都会感觉自己的心灵被洗涤得清清爽爽。

CHAPTER FIVE 第五章

提升自控力

——学会掌握自己的时间和生活

我们总是会给自己找出千千万万个贪图安逸的理由，最终心安理得地放过自己。其实，真正让人变好的选择，过程都不会那么轻松安逸。假如你觉得你的人生过得越来越糟糕，归根结底都败在了你不能够很好地掌控自己的时间和生活。

○ 颓废的时候更容易让我们屈服于诱惑

对生活失去掌控感的人，往往更容易放纵自己，浑浑噩噩地生活，想要摆脱混乱的生活状态，我们必须懂得与自己和解。

为什么说人在颓废的时候更加容易屈服于诱惑呢？

你有没有发现，当你情绪低落或者无所事事的时候，你通常会想要通过美食、买醉、疯狂购物、追剧、打游戏等，来释放自己的压力，让自己走出低迷的情绪。

人是一个复杂的矛盾体，身体里会存在着两股相互抵抗的力量。当其中一股力量占据上风时，人就会表现出一种失衡的状态，不管是积极的一面占据上风，还是消极的一面占据上风，人都会是一种混乱的、无序的状态。我们需要保持一种平衡，保持一种使生活有序的状态。如果消极的、阴暗的力量占据你的身心，我们就需要和它做斗争，改变它，让它回复到原本平衡的状态。

生活中我们能见到很多生活失去控制的人，这样的人往往会放纵自己，浑浑噩噩地生活，想要摆脱混乱的生活状态，却又为了忘记烦恼和悲伤，沉溺于短暂的快乐。

我的好朋友 A 最近失恋了。失恋后，她像是变成了另一个人。整天失魂落魄的，也不打扮自己，每天蓬头垢面地坐在床上哭泣，也不好好吃饭，天天熬夜不睡觉，可以一整天坐在电脑前看着曾经的照片，表情麻木，眼睛无神，无精打采的，好像失恋后，她就被全世界抛弃了，就再也没有别的事可做了。

我原想着过一段时间，她就可以忘记失恋的痛苦，回归正常的生活。不想，她竟然沉溺在失恋的痛苦中走不出来了，还愈演愈烈。除了用无聊的肥皂剧麻痹自己，还喝起了酒，整天醉醺醺的，她整个人看起来就像是一摊扶不起来的烂泥。

为什么颓废会勾起我们更多的欲望，让我们屈服于诱惑呢？

首先，这是源于大脑的应激反应，人的大脑不仅仅会维持人的生命，它还想掌控人的心情，让人保持身心愉悦。当我们愤怒、悲伤、自我怀疑、焦虑、颓废沮丧的时候，大脑会识别出情绪中的危险气息，进入寻找奖励的状态，让我们特别渴望放纵自己一回。

也就是说，情绪低落的时候，诱惑会更有诱惑力，我们自身对诱惑的抵抗力也会下降。比如说，本来计划的是抗糖减肥，但是情绪低落的时候，你或许会想要吃一个蛋糕或者巧克力，即使在平时这些都不是你钟爱的食物，你也会突然想吃一些高糖、高热量的东西，让自己的心情变得愉悦。低迷的情绪，最容易让我们失去理性，让本能支配自己的行为，所以，颓废的时候，更容易让我们失陷于诱惑。

还有一点就是著名的"破窗效应"。

"破窗效应"是犯罪学的一个理论，此理论认为环境中的不良现象如果被放任存在，会诱使人们仿效，甚至变本加厉。举个例子，假如一个房子有一扇窗户破了，如果不及时修理好，可能将会有破坏者破坏更多的窗户；一面墙，如果出现第一次涂鸦的时候没有清洗，很快地，这整面墙上都会被画上一些乱七八糟的东西；道路上有一些垃圾，如果没有清理，不久后这里可能就会变成垃圾场，最终人们会变得熟视无睹，理所当然地将垃圾顺手丢弃在这里。

"破窗效应"里，那不起眼的第一扇破窗、第一道涂鸦、第一个垃圾往往会变成事情恶化的起点，让事情向不可控的方向发展。而"颓废"就是我们心灵的第一扇破窗，让我们产生破罐子破摔的心理：

反正已经拖延了那么久，干脆就一直拖延；反正早上的时间已经荒废掉了，也不介意将下午的时间也荒废；反正都已经迟到了，干脆毁约不去了，窝在家里睡大觉；反正已经吃了一块饼干，我再吃一块巧克力，吃饱了才有力气减肥……

然而，当你一次又一次地背离自己的初衷，屈服于诱惑的时候，你又会对自己充满失望，充满内疚，然后又导致你情绪新一轮地低落。这就像一个恶性循环，让你痛苦不堪。

那么，我们该如何走出这个不断循环的怪圈呢？

1. 学会自我安慰，多点儿"阿Q精神"

遇到挫折时，不要总想着自己的委屈和不幸。试着蒙上眼睛体会一下盲人的生活，或是堵住耳朵感受一下无声的世界，闭上嘴巴体会一下不能说话的苦……多少身体上有缺陷的人都能顽强地与命运抗争，认真地活着，作为身心健全的正常人，又有什么资格去抱怨呢？

2. 调整个人期望，少点儿不切实际

生活不能事事顺心，也不是任何努力都有结果，当某些结果不如自己预想得那么好时，扪心自问一下：是不是自己已经尽力了？是不是当初定的目标太高了？若情况总是这样的话，那就适当调整下个人期望，用平常心接受平常事，不好高骛远，也就会少点儿失落。

3. 合理地表达情绪，不要封闭自怜

运动是缓解压力和烦闷的良方，能够将积聚在体内的负面情绪释放出来；向理解自己的人倾诉，也是平复情绪。最不可取的就是，把自己封闭起来，自怨自艾，这只会加剧抑郁的程度，无异于画地为牢。

人活一世，草生一秋，短暂的生命，不可能顺风顺水，消沉颓废在所难免，偶尔放纵自己也无可厚非。不要总盯着自己的烦恼和痛苦，要振作起来，正视问题，解决问题，才能远离颓废，感受到温暖和希望。

○ 你必须做出选择，自我控制还是追悔莫及

再不起眼的行动，也比坐在椅子上漫无目的地空想能体现价值。当你把精力都放到实实在在的行动中时，你就不会再颓废，因为你会看到自己已经走在变好的路上。

什么样的人更容易陷入颓废和悔恨中？不是那些没心没肺的人，也不是那些终日忙于目标的人，而是脑子里有无数新颖合理的想法和各种各样的计划，最终却都没有付诸行动，把理想变成现实的人。

S 小姐是微胖界的美女，她非常想要拥有一个好身材，但是，每一次减肥都是半途而废。减肥的决心已经下了很多很多次，每一次都信誓旦旦地要坚持运动，并且严格控制饮食。可看到美食的那一刻，就忘了宣言；身体犯懒的时候，就索性不去运动。待吃下去一堆高热量的东西，又没有将其消耗掉之后，不禁又陷入一种焦虑

和自责中，觉得自己太不自律。接下来，又给自己定下减肥的目标，周而复始。

这样的循环，大概持续了七八年，S小姐的体重和身材没有发生任何的改变，即便是短期内瘦下去了，很快又会反弹回来。

不只是减肥一件事，S小姐经常做各种各样的计划，比如：打算每天看几页有意义的书籍来充实头脑，做一个内外兼修的人；决定随时保持家里的干净整洁，改掉邋遢的恶习。计划做得都很好，可惜的是，没有一件事秉承了坚持到底的原则。

S小姐意识到了自己身上的各种问题，也希望以全新的方式去生活，成为更好的自己。有这样的初衷固然欣慰，但也因为对自己还有要求，结果没能够做到，导致她总是活在一种拧巴的状态里。有的时候，对镜独照，看着自己"吃出来"的臃肿，满心都是自责；看到周围的人不断充电，追求更高的目标，她也懊恼不已。

现实生活中，很多人都是S小姐，有着许多的目标，长远的或是近期的，可很少采取积极的行动，或者都是三分钟热度，总是用"明天再去执行"安慰自己、放纵自己，结果变成了一个焦虑的空想家。

玛利亚·埃奇沃丝说过："当想法还新鲜的时候，如果不立即去执行，那么，明天你也不可能将其付诸实践：它们可能会在你的庸庸碌碌中逐渐淡去、消失殆尽，可能会深陷或迷失在好逸恶劳的泥沼中。"

从空想家变成实干家，对任何人来说都不可能是舒服的，它必然伴随着一定的痛苦，甚至比之前的焦虑感更强烈。但是，这种焦虑只是暂时的，它不会让你变得颓废，当你真的跨出了这一步，很快就会迎来一种全新的状态和感受。

因焦虑而颓废的人往往太急功近利，总想着一蹴而就。事实上，能够让人变好的目标都不是轻易就能实现的，一定不要急。你可以从最小的坏习惯开始改变，从最简单的事情着手。小的改变虽然不足以影响全局，却能给人带来莫大的鼓励。况且，任何成功都是积累而成的。

你可以承诺自己，每天保证完成一件事。这很容易实现，只要坚持下来，就能让新的习惯更加稳固。与此同时，你也要答应自己，每天拒绝一件事。对于自己痛恨的那些恶习，不要希冀着一天就把它们全部消灭，这会给你带来压力，让你陷入慌乱和愧疚中。试着一天只改变其中的一个习惯，约束自己不去做其中的某一件事，你会轻松很多。

最后还要说，有了想法和决定，立刻就行动。如果想法太多，那就选择其中之一，只要它是发自内心的。事实上，想法相互矛盾是很正常的事，但只要它来自自己的意愿，就该立刻去做。再不起眼的行动，也比坐在椅子上漫无目的地空想能体现价值。当你把精力都放到实实在在的行动中时，你就不会再颓废，因为你会看到自己已经走在变好的路上。你必须做出选择，自我放弃，还是追悔莫及？

○ 不要出售未来，明天和今天毫无区别

　　人的一生只有三天：昨天、今天、明天。昨天就像一张过期的支票，再也无法使用；明天就像一张远期支票，不知道什么时候才能兑现；只有今天，是实实在在的现金。

　　我们总认为，这一刻没有完成的事情，还能留到明天或某一天去做，一切都来得及。一次又一次，在拖延和等待中，许多人就这样稀里糊涂地走完了一生。待到想起来时，或是已无法挽回，或是再没有能力去做，空留懊悔和遗憾。

　　明日复明日，明日何其多？习惯性地拖延，往往会让我们一辈子都无法完成想做的事。说实话，我们说晚些时候再去做的事情事实上很少再被我们提上日程。

　　曾经，和大学的两个室友约定，毕业之前一定去一次西藏。然而，这个计划一直没有成行。本想着在工作之前实现愿望，哪知道毕业季的时候，大家都忙着找工作，忙着实习，谁都没有再提去西藏的事儿。

毕业第二年，我开始北漂，另一个室友去了深圳，还有一个室友在家乡结婚生子，结局可想而知，直到现在，我们三个也没有兑现"西藏之行"的诺言。当初年少轻狂的时候都没有做的事儿，在有了牵挂的今天，我想是再也没有机会去做了，即使去做，也没有当时的心情、当时的人了。

现在过的每一天，都是余生当中最年轻的一天，为什么我们要把所有的事情都推到明天呢？

去云南的那次我决定得毫不拖泥带水，那段日子刚好工作陷入了"瓶颈"，我发现自己必须去一个新的地方待两天，于是跟老板请了假，然后发短信给死党："明天去云南，去多长时间你定，丽江的蔷薇已经开好了……" 5分钟后，她回了短信：好啊，刚好有打折机票呢，我来订票，你去网上查查客栈。死党的爽快，促成了这一次旅行的高效快速。

于是，第二天我们就坐上了飞往大理的航班。事实证明，那次临时决定的云南之行非常愉悦。我后来问死党，你为什么决定一件事会那么快？她笑说："想到就去做。再说时间总是有的，这样突然想去的心情却不会常有，再加上机票也那么便宜，为什么不去？我的做事原则就是自己高兴，别人也高兴。想多了啥事都做不成。"

有人说，人的一生只有三天：昨天、今天、明天。昨天就像一张过期的支票，再也无法使用；明天就像一张远期支票，不知道什么时候才能兑现；只有今天，是实实在在的现金。不用说"那时候，我如何如何"，也不用说"明天，我要怎样怎样"，对于你要做的事，只有今天是可以利用的。

我们总是期待明天会有时间，明天会有改变，然后任由日子一天天地过下去，却依然找不出时间。直到有一天自认为可以了，却无奈地发现已经走到了无可挽回的境地。记得毕淑敏写过一篇文章叫《女人什么时候开始享受》，里面有这样一段话，说得恰如其分。

"抱着婴儿，煮着牛奶，洗着衣物，女人用沾满肥皂的手抹抹头上的汗水说，现在孩子还小，等孩子长大了，她就可以好好享受享受了；孩子渐渐地大了，要上幼儿园，女人挽着孩子，买菜做饭，还要在工作上做得出色，女人忙得昏天黑地，忘记了日月星辰；不要紧，等孩子上了学就好了，松口气，就能享受了……她们不知道皱纹已爬上脸庞。"

我们习惯对明天抱有太多的期待，把想做的事情一拖再拖，却忘了明天还有明天的事，还有和今天一样的不如意和制约条件。也许，真的到了明天，还会懊恼今天没有好好享受年轻的心情与生活。生活不会在将来的某一天突然发生奇迹般的转变，我们也不可能一下子变得事事如意，幸福无比。未来永远没有预想得那么完美，那么如诗如画，所以与其花时间等待那不可预知的未来，还不如好好把握现在。

不要出售未来，总是期待明天才开始享受生活，那么很有可能一辈子都没法享受生活。

别再把希望和行动寄托在未来的某一天。真实的生活，就是此时此地此身，没有所谓的"最好的时候"，绝好的时光就在此刻。只有紧紧抓住每一个现在，才会有无悔的将来。

○ 想到什么就立即去做，抓紧去做

人生不过是取舍而已。做了，有一半的机会是成功，不做，永远是在等待状态。

大学活动上认识的学姐，彼此甚是投缘，后来竟也成了关系不错的朋友，毕业之后是为数不多一直联系的人。一日，她跟我感慨，毕业后找的工作完全不对口，学的那些东西都快全部还给老师了。当时，我正在看一本不知何人翻译的外国名著，那翻译实在是有点让人倒胃口，于是心中一动："要不，你翻译一些书吧，就当爱好，译着玩也是好的。"听了我的话，没想到她非常激动，原来她也有这样的想法，只是一直没有动笔。在我的催促下，她真的动笔开始了翻译，而且不久之后，她翻译的《瓦尔登湖》便出版了。

人生不过是取舍而已。做了，有一半的机会是成功，不做，永远是在等待状态。

一个男生喜欢上了公司里的一位优秀的女同事。其实，论样貌、人品、才华，他哪方面都不差，可他就是不敢表白自己的爱意，总觉着自己"配不上"美丽的她。每天看到这位女同事，他都显得很紧张，心里像是有一头小鹿在乱撞，那种兴奋和不安交织的感觉，让他既感到甜蜜，又感到煎熬。偶尔，她请假或有事没来，他就像丢了魂一样，思绪万千，心中充满了挂念，饱受相思之苦。

后来，这位优秀的女同事被公司委派到另一个分公司去做负责人，男生再也不能每天看到她的身影了。此时，他才觉得有点后悔，责备自己没有早点儿开口。他买了一束鲜花飞快地跑到车站，可惜还是晚了一步，车已经走了。看着空空的车站，他不知道还有没有机会跟她当面表白，即便有机会表白，待到那时，她的身边是否有了另一个他呢？

还没有去做，就先给自己泄了气，让自卑拦住了表白的勇气。若是大胆地说出来，也许还有一丝希望；就算是被拒绝了，也还有机会继续追求；就算真的没有可能，至少努力试过了，没什么可遗憾的。这个世界上最懊恼的不是求而不得，而是未曾尝试就放弃，白白错过了摆在眼前的机会与可能。

还记得曾经看过一部叫作《小领袖》的作品，描写的是一个凡事都优柔寡断、迟疑不决的人。这个人从小就想把附近一棵挡道的树砍掉，却一直犹豫不决。随着时间的推移，那棵树渐渐长高，他也已两鬓斑白，那棵大树依然挡在路中间。还有一个艺术家，他一直对朋友们说，要画一幅圣母玛利亚的像。但他只是整天在脑子里想象那画的布局和配色，翻来覆去，总觉得这也不好、那也不好。为了构思这幅画，艺术家荒废了其他所有事情，但是直到他去世，这张他日夜构思的"名画"还是没能问世。

做事情就像春天播种一样,如果没有在适当的季节行动,以后就没有合适的时机了。无论夏季有多长,也无法将春天耽误的事情补偿回来。一个人梦想环游世界,等到垂垂老矣的时候再筹备,就有些力不从心了。所以,遇事必须当机立断,把握良机。

英国著名文学家劳伦斯说:"要想成功,在于养成迅速去做的好习惯。只要细细观察那些成功人士,就不难发现,并不是他们的知识、眼光、观念多么出类拔萃,其理想和目标常常和身边的人差不多,只是因为他们能为理想立刻行动起来。"

心动不如行动,迈出行动的第一步,成功的概率就会提高。天下最可悲的一句话就是:"我当时真的应该那么做,可我没有。"还有不少人总是说:"若是我当初……如今早已经……"可惜,生活中没有那么多假设。一个好的创意胎死腹中,的确会让人叹息不已,永远无法忘怀。如果真的彻底施行,当然有可能带来收获。

大仲马说:"未来有两种前景:一种是畏畏缩缩的,另一种是充满理想的。上帝赋予人自由的意志,让他可以自行选择。你的未来就看你自己了。"可能你也懂得"想做就做"的道理,但是你可能没有将这个原则用到自己的经历中,所以你未能改变现状。

如果此刻的你拥有一个梦想,那就闭上嘴巴,把所有的精力用在行动上。记住,如果今天不走快点儿,那么明天可能就要用跑的了,后天也许就要看不清前进的方向了。何必去管梦想会不会实现呢,向前走向前奔跑就是了。有的时候梦想会比较近,有的时候梦想会很远,但是它们总会实现的。

○ 拥抱变化，跳出舒适圈

　　心灵的恐慌和焦虑足以毁掉一个内心脆弱的人，但与之相比，更可怕的是满足现状，不求改变。舒适的环境，让人无比满足的现状，都能把废柴变成朽木，把栋梁变成废柴。

　　很多时候，我们之所以颓废恐慌，源于我们对未知的恐惧。说白了就是"路径依赖"在作祟，不敢面对变化。

　　什么是路径依赖？路径依赖是指人们一旦进入某一路径，这个路径无论"好"还是"坏"，都可能让人对这种路径产生依赖。你一旦做了某种选择，就好比走上了一条不归之路，惯性的力量会使这一选择不断自我强化，并让你轻易走不出去。简单地说就是人对自己熟悉的事物会越来越依赖。

　　但是生活不可能一成不变，变化在一刻不停地发生着，人的一生都要不断地去适应各种变化，因为你不知道明天会遇到什么，你未来的生活又会经历怎样的磨难，但你要因此一蹶不振，停滞不前吗？不是的，我们必须克服内心对变化的恐慌，在面对变化的时候，让自己快速冷静下来，分析变化中的机遇和挑战，主动去体验各种生活，如此才能成就自己。

2014年，我辞掉了在北京的工作，当时身边的人都说这份工作很好，不用风吹日晒，不用与人交际，并且收入尚可。从我决定离职的那一天开始，他们一一向我列举那份工作的优点，以此证明我要辞职的想法多么愚蠢，似乎如果真的辞职，我就是众人心中的傻子。

身边几乎没有人看好我辞职的决定，这让我心里直打鼓，开始质疑自己的决定，或许我这个一意孤行的决定真的大错特错，更何况我对未来的境遇一无所知，我也不知道自己能否适应新工作、新环境，我开始害怕了。

"那些你想象中极其可怕的事，你都没有经历过啊，你为什么就一定会觉得可怕呢？"在无数个夜晚我这样问自己。然后我又在心里问自己为什么辞职，是的，我不想日复一日地做那些我早已厌烦的事，我不想一辈子就这样过了。最终，我还是坚持了最初的决定。

辞职之后，趁着难得的时光，我做了一次长途旅行，去了我一直想去的地方。旅行结束后，我开始认真地找工作，最终如愿以偿地找到了我喜欢的工作。经过一段时间的休整，我精神饱满，每天都元气满满。现如今，我已经适应了新工作，它并没有我想象中那么可怕，事实证明它比原来的工作更适合我。

相信很多人都有过那种感受，当你决定放弃一份别人眼中很完美的工作时，经过一系列的犹豫、惶恐不安、思想斗争之后，大部分人会选择继续和原来的工作相爱相杀，少部分人则义无反顾地去做自己更喜欢的工作。因为大多数人都喜欢待在舒适圈，不喜欢变化。

其实，变化是一种常态，但是对于长期处于不变状态的人来说，变化却会让他陷入逆境，心灵的恐慌和焦虑足以毁掉一个内心脆弱的人。但与之相比，更可怕的是满足现状，不求改变。舒适的环境，让人无比满足的现状，都能把废柴变成朽木，把栋梁变成废柴。

C先生大学毕业之后，就在父亲的安排下进了一家国有企业上班，负责内勤。工作惬意又轻松，收入还稳定，这让C先生很知足。兢兢业业地工作了很多年，他终于做到了主管的位置，拿着丰厚的薪水，家庭也幸福美满。如果这样的日子混到退休，他还能拿到可观的退休工资，他觉得这一辈子就这样安安稳稳地过了也挺好。

然而，变故出现在他35岁那年。那一年，公司进行全面整改，进而开始大面积的人事调动，他从后勤部调到了业务部，工资也变成了底薪加提成的模式。

公司的改组变动让他乱了手脚，瞬间招架不住，一切都让他无所适从，最终他在无尽的焦虑和压力中主动离职。

逆水行舟，不进则退。即使你已经拥有了一定的成果，但是你依然不能停止努力，否则，你也会被那些一直在努力的人抛在后面。

没有人将成功定义为"舒适"，但是大多数人却把"舒适"当作自己的终极目标。美景和舒适谁都喜欢，但是在不断变化的时代，容不得一刻的停留，因为当你停下来享受成果的时候，你会发现，想要维持现状很难。

王小波在《一只特立独行的猪》里写道："我倒是见过很多想要设置别人生活的人，还有对被设置的生活安之若素的人。"

王小波所说的这两种人，都是喜欢待在舒适圈的人。他们害怕接受新事物，宁愿守着毫无意义的生活反反复复，也不敢踏出去一步。其实，只要你勇敢地迈出脚步，走出去看看，你就会知道外面还有更广阔的天空，旅途中还有更美丽的风景，你也还有无限种可能。

有人说，当生命终结的时候，最害怕死亡的是那些没有努力活到极致的人。那么请你问问自己，当你就要离开这个世界，你甘心这一辈子就只看到眼前的风景吗？如果你还有遗憾，那么就请勇敢一点儿，走出舒适区，努力让自己活得丰富。

○ 有合理的期望才不会犯懒

> 人在不同的情况下，欲望和需求也是不一样的。正是因为有了这些需求的存在，才会努力去满足自己的需求，并为了满足需求而做出特定的行为。有期望就会有动力，有动力就不会轻易犯懒。

有人想升职加薪，所以毫无怨言地努力工作；有人想获得曼妙的身材，所以坚持不懈地运动；有人想拿到全勤奖，所以连续一个月都没有因为睡懒觉而迟到……这些带有积极意味的期待，通常会消除我们在工作和生活中的消极情绪和各种心理不适，并激发出内心对所做之事的热爱，从而自主自愿地提高效率，戒掉懒惰和拖延。

事实上，这就是我们常说的"期望效应"，它是 1964 年北美著名心理学家维克托·弗鲁姆提出的。它说的是，人们之所以能够从事某项工作，并愿意高效率地去完成这项工作，是因为这些工作和组织目标会帮助我们达成自己的目标，满足自己某方面的需求。

马斯洛的需要层次理论告诉我们，人在不同的情况下，欲望和需求也是不一样的。正是因为有了这些需求的存在，才会努力去满足自己的需求，并为了满足需求而做出特定的行为。有期望就会有动力，有动力就不会轻易犯懒。从这一点上来说，要避免荒废时光，就要学会用"期望效应"来激励自己远离拖延和浑浑噩噩的状态。

静下心来想想，你最想要的是什么？如果你渴望拥有幸福的家庭，那就要抽出时间去用心经营；如果你渴望在事业上出类拔萃，获得巨大的成就感，就要提升抗打击的能力，适应在高压下高效率地工作；如果你希望成为一个具备组织能力的人，就要多参与一些类似的培训和学习，而不能坐等机遇到来。只有带着期望上路，才能走出迷雾和停滞不前的窘境。

人们常说，生活得有"奔头"。这个"奔头"是什么呢？其实，说的就是期待和希望。弗洛姆指出，某一活动对某人的激励力量，取决于他所能得到结果的全部预期价值乘以他认为达成结果的期望概率，即M（激励力量）= V（目标效价）× E（期望值）。

在弗洛姆看来，当一个人有需要并且能够通过努力满足这种需要时，他的行为积极性才会被激活。换言之，如果期望过高，就很难达到所期望的结果，那么期望带来的激励效果也会大打折扣。只有适度的期望值，才能有效地调动积极性，激发出内在的潜能。

细细思量，拖延的人为什么总是三天打鱼，两天晒网，不停地犯懒？就是因为期望值不合理。一个经常只拿着底薪的业务员，总想着一夜之间签个大单变身成创业的老板，这种期待显然在短期内是不可能实现的，有想法是好的，但最重要的是尊重事实。

现实生活中，有许多老板确实都是业务员出身，可他们也是在市场中摸爬滚打多年，积累了丰富的经验，大量的客户资源，最终才走上创业之路的。初出茅庐就希冀着一步到位，往往步子还没迈出去，就被各种困难绊倒了。

那么，如何给自己设定一个合理的期望值呢？

1. 客观地认识自己，正视自身的优缺点

生活中有一些人，明明什么努力都没做，却还抱怨自己怀才不遇。这就是对自己缺乏正确的认识，所期望达成的目标过高，导致不断受阻。跳出自己的视线，从周围家人、朋友、同事等人的意见中认识真实的自己，给自己设定与能力相符的目标。

2. 你的期望要踮起脚尖就能够得着

在为自己设定期望值和目标时，一定要遵循这样一个原则，即踮起脚尖能够得着。这样既能给潜能的发挥预留出充分的空间，又能避免因期望值过高而无法达到，可谓一举两得。

我们要看到，消极的情绪和行为会让人"上瘾"，变得破罐子破摔；而积极的期望和微小的成功，却会给人以激励，让人享受到战胜惰性、战胜自我的快乐。当美好的体验积累得越来越多时，积极的行为就会得到强化，到那个时候，克服懒惰和拖延就是一件自然而然的事了。

○ 你有多自律，人生就有多美好

一个人有多自律，人生就有多美好，自律的人不一定都优秀，但你要相信，优秀的人必定都自律。

前面说过，避免颓废最重要的就是对自己的生活拥有掌控感，而获得掌控感的最好方法就是自律，自律的人能够更好地掌控自己的生活和工作，这种"一切皆在掌控之中"的安全感，才能让人获得真正意义上的自由。

很多人都知道自律的重要性，但是想要成为一个自律的人却很难，也正因为如此，出类拔萃的人才是少数。很多人都喜欢在某一个重要的时刻发誓成为最好的自己，但是往往会被自己说的话狠狠地打脸，这就是最近几年"立flag"这个词很火的原因。

你是不是也有这样的经历：

说好让自己瘦成一道闪电，最终却抵不住美食的诱惑，告诉自己唯美食不可辜负，于是变成了一个只知道吃的懒胖子。

说好再也不熬夜，10点就必须进入梦乡，然而12点了还在刷朋友圈、看微博，然后你告诉自己，今天反正已经晚了，明天再早睡吧。于是，这样的恶性循环周而复始，手机就像鸦片一样让你欲罢不能。

说好要坚持阅读，结果一本书第一次翻开在什么地方，后来就再也没有变过，然后你告诉自己，工作一天实在太累了，等休假的时候再看。但是，到了休假的时候，你又觉得好不容易休假，应该好好休息，于是，对兴致勃勃买回来的书永远都只有三分钟热度，其余的时间就放在那吃灰。

我们总是会给自己找出千千万万个贪图安逸的理由，最终心安理得地放过自己。其实，真正让人变好的选择，过程都不会那么轻松安逸。假如你觉得你的人生过得越来越糟糕，归根结底都败在了不够自律上。

曾经看过一个名人的专访，这个人是一家上市公司的董事长，但是他的绘画水平堪称专业水准，主持人看了他的画，问道："您平时工作那么忙，怎么还会有时间去画画呢？"这个人笑着答道："要是喜欢，总有时间，如果我们总是为事情寻找借口的话，就不可能做成任何事。"

不自律的人总是喜欢给自己找借口，这是一个很不好的习惯，一旦你养成了这种恶习，不管做任何事情，一旦出现问题，就会千方百计地找借口，那么工作就会拖沓，没有效率，这样的人注定一事无成。要知道，借口并不能掩盖已经出现的问题，也不会减轻你所要承担的责任，更不会让你摆脱现在的困境。

一个人有多自律，人生就有多美好，自律的人不一定都优秀，但你要相信，优秀的人必定都自律。

认识一个姑娘，是一个典型的"白瘦美"，我问她是如何保持身材的，她告诉我，她绝不会让自己的体重超出可控范围之外，如果超出这个范围，她就会控制饮食，加强运动，直到恢复到理想体重，她才会继续享受美食。所以，这么多年，她都没有胖过。

自律的人，不光外表赏心悦目，她的人生也极其精彩。这个姑娘是从事广告行业的，在生活节奏极快的上海，她每天几乎都在从事高强度的工作，有时候一个方案写了又改，改了又写，照她的话说被甲方逼成"狗"，但是那又怎样，她依然坚持每天看书、健身，定期给自己安排一次旅行。

不要说你追求平淡，不喜欢享受生活，那是你为懒惰所找的借口。当你工作体面、收入不菲的时候，你就配得上享受最好的。

亚里士多德说："要成为优秀的人，我们不能只有优秀的想法或者优秀的感觉，我们必须优秀地行动才行。"养成自律，首要的功课之一就是，破除找借口的倾向，立即行动。

不管你过去是怎样做的，抱怨也好，不情愿也罢，从现在开始，做一个自律的人。上班的时候，不要盯着下班时间混日子，试着即使下班时间到了，依然让自己保持工作状态，每天多坚持5分钟，多做一点点工作，你会发现你的工作效率与之前大不一样；每天早上，当别人还在睡懒觉时，你坚持早起，去户外锻炼半个小时，为一天的工作能有充沛的精力做准备；晚上，当别人在玩手机、刷微博的时候，你看一会儿书，提升自己的认知……这样的自律生活或许短时间内不能改变什么，但是假以时日，定有回响。

人生的差别有时候就在是否自律这一点上，你可以选择浑浑噩噩度日，下班之后抱着手机懒散地躺在沙发上，你也可以选择做一个自律的人，坚持锻炼身体，控制饮食体重，懂得统筹管理自己的时间，有理想，有规划，如果你每天坚持与别人过不一样的生活，几年之后，你肯定会遇见更加优秀的自己。

○ 自我谅解，不要再苛求完美了

生活有很多细微的乐趣，它们虽然不起眼，换不来看似光鲜亮丽的荣耀，但它们却是最真实的、最舒适的，也是生活最该保持的常态。

提起拖延，许多人脑海里浮现的一定是这样的字眼——懒散、没责任心、偷奸耍滑，等等。但实际上，拖延者中有相当一部分人工作勤勤恳恳，忙忙碌碌。他们之所以拖延，是因为计划表太长、太细、太复杂，而他们对大事小事都"一视同仁"，都希望做到最好。如此一来，必然要花费大量心思在做准备上，时而做做这个，时而做做那个，总觉得还不够好，结果什么也没做成。

或许，曾经你也质疑过：为什么有些看起来什么也没做、不怎么忙碌的闲人，却也能成绩好、业绩佳，他是不是耍了什么"心眼"？其实不然。那是因为他们分得清事情的轻重缓急，把他们最有效的工作时间，花费在最让他们看重的事情上。相反，那些看起来总是忙忙碌碌的人就不一样，他们很难决定事情的优先顺序，碰到一件事，就会付出很多的时间和精力。结果就变成 —— 总有很多事等着做，却没有办法完成，只得不断地拖延，并试图找出一条路来解决自己造成的混乱。

Wendy 是一个外资企业的人事，她是个典型的大忙人，成天被工作和琐事缠身，不管是工作日还是休息日，她都在"连轴转"。你问她累不累，她说很累却也很享受，这样的日子才"充实"。在她心里，唯有忙碌起来，忙成一只旋转的陀螺，才能证明自己很重要和被需要。

简单说说 Wendy 的生活吧！对于工作，Wendy 可以说极其认真负责，任何时候，她的脑海里都装着它，就算跟爱人亲热的时候，她的脑子里也会不停地闪现公司里的事和第二天的工作计划。Wendy 在工作上是一个追求极致的人，她总是按照计划完美行事，只不过她在列计划的时候，别人通常都在休息，这就意味着她比别人多耗费了很多的精力。不仅如此，原本一件很简单的事，她也会因为追求完美而花费大量的时间去完成。

她的每一天都很忙碌，除了吃喝拉撒之外，其他的时间都在工作。去年买的一套书，现在还整整齐齐地放在书架上，阅读进度还停留在书买回来的第一天。很多次都想静下心来看看，可刚翻了几页，心里就开始躁动了，想起还有这样那样的事没做，于是就耽搁了。

周末和节假日是不是就可以好好休息了呢？并没有。周末是 Wendy 的大扫除日，虽然她也经常跟朋友唠叨"周末还有一堆事，多么多么辛苦"，但如果有人让她周末找一个钟点工替她干活，让她自己好好放松一下，她绝对不会同意，她从未想过改变这样的模式，总觉得事事必须亲力亲为，否则心里就会很难受，认为是浪费时间和金钱。

　　周围的人看着 Wendy，都觉得她活得太累了。可 Wendy 呢？她享受着忙碌给自己带来的自豪感和被需要的感觉，觉得自己是个有用的人。尽管忙得喘不过气，可跟人提起来这件事，她反倒觉得这是体现自己的重要性和社会地位的一种方式。如果每天不把日程安排得满满，她就感觉若有所失，不管是工作、家人，她都力求面面俱到，甚至经常失眠头疼，精力体力都日渐不佳，可还是停不下来。她每天沉溺在各种事情里忙碌，把休息和休闲视为虚度光阴。

　　不得不说，Wendy 有着很深的完美主义情结，因为她把每件事都看得很重要，而且喜欢循规蹈矩的生活，讨厌被人打断计划。不管是工作上的事，还是生活中的琐事，到了她这里都是必须全力以赴的事，还不能耽搁。就连周末和节假日的休息时间也不放过，非要按部就班地来扫除，可实际上腾出周末的一天来看看书、逛逛街，也没什么大碍，可她非要消耗自己多余的能量。

　　学会爱自己，改变对生活的态度，不要为了迎合别人的满意，为了别人眼中的"完美主义者"和"完美生活"苛求自己，那些不必要的加班，你完全可以过滤掉，回到家舒舒服服地看看书，听听音乐。腾出周末的时间，多陪陪家人，多联系几个朋友，出去喝喝茶，做做运动。

　　其实，生活有很多细微的乐趣，它们虽然不起眼，换不来看似光鲜亮丽的荣耀，但它们却是最真实的、最舒适的，也是生活最该保持的常态。何谓完美的生活？那就是该忙的时候我忙了，重要的事情我做了，该乐的时候我也乐了。

○ 平衡好工作和生活的关系

> 很多时候，出发时还知道自己的目标是什么，可走着走着，就忘了自己最初的想法。或许，每个人最初都是为了更好的生活而工作的，可到后来却因为工作而忘记了生活。

现代社会飞速发展，生活节奏也越来越快，整个社会反馈给我们的信息和观念就是："忙点儿好，但凡成功的人都是忙碌的。"如此，就让很多人都陷入了忙碌的怪圈，加深了对忙碌的依赖，一旦离开了快节奏的生活就会茫然无措。

我曾见过的一个年轻男孩，毕业刚步入职场时，因为自己是新人需要尽快熟悉本职工作，他经常在上班之余进修各种技能。几年下来，各种证书积累了一堆，因为工作认真、做事积极，年轻的他很快被升职为总裁助理。薪水是涨了不少，可他却没觉得生活得多么好。

每天早上六点半，伴随着闹铃声，匆匆地起床洗漱，整理好东西走出家门。其实，从家里到公司也就不到一小时的路程，但他每天都提前半个多小时出门，总是担心堵车，担心会有什么意外。几年来，除了生过一场大病休息了半个月，其他时间他都在上班前20分钟打卡。

　　现在，他升职了，更觉得自己得做个榜样。走进办公室，看看提前列的计划表，打电话，发邮件，处理老板不方便接听的电话，列出项目选择重要的拿出意见给老总。中午吃饭他很少出去，经常叫外卖，认为这样能节省时间。每天离开公司时，基本上就剩下他自己了。打车回家后，简单地吃点儿晚饭，就开始想明天的计划表。睡前定好闹铃，给手提电脑和手机充电，他想着万一早上有事，还可以在出租车上办公。

　　平常，他很少给父母打电话，也很少跟朋友出去聚聚。周末除了到超市采购，其他时间都在忙着做计划。散步、旅游，跟他似乎没有半点关系。有时，他觉得累得实在不行了，就自己跑到KTV里唱歌发泄，回来继续做忙碌的陀螺。工作压力和过度的劳累，让他的生物钟被打乱，身体免疫力也开始下降。唯一欣慰的是，在别人眼里，他很优秀，他是老板最得心应手的助理，也是朋友圈里人人艳羡的"金领"。他也很痛苦，但却不知道该怎么办。

　　无疑，错误的心理认知让这个年轻人把忙碌当成了生活方式，把工作业绩当成了自我价值的体现。同时，他也在努力维护自己给人留下的"优秀"印象，也在痛苦的同时欣慰着自己能成为朋友们艳羡的对象。凡事争强好胜，不肯服输，事事都想在别人前面，这在无形中就给自己设定了高标准，上了忙碌的发条，自然是难以停下来。

诚然，生活免不了需要忙碌，需要处理各种事情，但忙碌绝不是生活的基调，完美的生活和成功的自我形象，也绝不是依靠忙碌建立起来的。要学会每天选择重要的事来做，把休息也列入计划之中，慢慢地养成生活习惯，在不知不觉中调整生活的疲惫和压力。

忙忙碌碌的日子，让我们错过了生命中太多美好的东西，忽略了太多可贵的感情。忙忙忙，忙得没有了主张，忙得没有了方向，忙得忽略了时光，忙得没有时间宣泄一场。总以为，尽心付出了就会得到完美的回报，生活就能如自己所愿。可惜生活的本质并不在于此，行色匆匆，庸庸碌碌，浮光掠影，纵然最后得到了自己想要的，却也未必是当初预想得那么欢愉。

更可悲的是，很多人从一个起点出发的时候，还知道自己的目标是什么，可走着走着，就忘了自己最初的想法。或许，每个人最初都是为了更好的生活而工作的，可到了后来呢？多数人沦为了工作和生活的奴隶，日日疲于奔命，早就忘了工作是为了更好地生活。

奥修曾说："生命最完满的存在，是做我们自己。"可是，当工作像大雾一样弥漫在生活中，稍无警觉，它就变成了全部。人们为了自我价值感的满足，就像上瘾一样，任由工作凌驾于生命之上。

何必如此呢？工作与生活本就是相辅相成的，没有孰轻孰重。

如果你感到"两败俱伤"时，很有可能是你没有平衡好两者的关系。那么，如何平衡好工作与生活呢？

1. 找到你的核心价值

拿一张纸，写下对你来说最重要的五样东西，可以是具体的人和事，也可以是形容词或名词。接下来，每次拿掉一样你认为可以割舍的，即便很困难，也要遵循这个规则。最后，只剩下一样，看看它是什么？这个游戏，是一个内心体验过程，它可以帮你了解你的核心价值是什么，让你先失去，而后在失去中了解什么是你最看重的。

2. 工作再忙心不要忙

人的精力有限，不可能永远处于忙碌的状态。对工作要热情、要积极，但在工作之外，要尽情地放松，在生活中发现乐趣，比如利用节假日和朋友去垂钓、和家人郊游、和爱人谈心，都不失为享受生活的好方法。在你追我赶的社会中，要努力做到"工作再忙心不忙，生活再苦心不苦"。

3. 遏制工作情绪延伸

工作中的困难和压力势必会给心灵带来焦虑，但请记住，不管有什么烦恼，都不要把它延伸到生活中。离开办公室时，就把工作情绪锁在那里，回家后要忘掉这些事，让自己放松下来，跟家人、朋友欢度属于你的自由时光，做你想做的事。

实现自我驱动

——无须借用谁的光，自己照亮前路和远方

　　生命就是一场单程的旅途，没有回头的路。生活太累，太多纠结，就是因为给了自己太多束缚，不敢打破一切潜在的规则。试着把自己的感觉叫醒，停止做那些让你感到无味的事，勇敢地活出自己。你会发现，未来还有无限可能，你拥有足够的时间去成为你想要成为的人。

○ 颓废来自不能正确认识自己

不管你是否承认，你之所以对生活充满无力感，归根究底就是对自己丧失了信心。只有敢于肯定自己、正视自己、提升自己的人，才能成为掌控生活的强者。

生活中，很多人会觉得自己跟不上时代的发展，时刻担心有一天会被时代淘汰，从而对很多事情产生无力感。在面对生活的突然变故时，他们会有些不知所措，尤其看到周围的人不断地调整自己、改变自我以达到适应社会发展时，内心就更充满了焦虑、犹豫，给了自己许多无形的压力。不管你是否承认，你之所以对生活充满无力感，归根究底就是对自己丧失了信心。

每个人都会时常生活在恐惧和害怕中，担忧未来，害怕失败，对自己没有信心，对他人也缺乏信任。猜疑、恐惧让我们几乎失去了判断力、勇气和力量。试想，这样一个缺乏自信、对生活没有掌控感的人，又怎么能取得成功呢？

任何时候都不质疑自己的能力，是自信、勇敢的表现，能够让我们发现自身价值并激发自身潜能，也是我们改变自身处境，获得成功的前提。只有敢于肯定自己、正视自己、提升自己的人，才能成为掌控生活的强者，做出一番成绩，让人不容小觑。若想无所畏惧，勇敢自信，你必须消除自卑，正确地认识自己。

有位著名的学者年老时有一个不小的遗憾——他多年的得力助手，居然在半年多的时间里也没能给他寻找到一个优秀的关门弟子。

老学者想考验一下他的那位平时看起来很不错的助手。他把助手叫到身边说："我的蜡烛所剩不多了，得找另一根蜡烛接着点下去。你明白我的意思吗？"

"明白，您的思想光辉得很好地传承下去。"那位助手直率地说。

"可是我需要一位优秀的承传者。他不但要有相当的智慧，还必须有充分的信心和非凡的勇气……这样的人选直到目前我还未见到，你帮我寻找和发掘一位，好吗？"

助手很温顺也很尊重地说："我一定竭尽全力地去寻找，不辜负您的栽培和信任。"

老学者笑了笑，没再说什么。那位忠诚而勤奋的助手，不辞辛劳地通过各种渠道开始四处寻找了。可他领来一位又一位，老学者却总是摇头。当那位助手最后一次无功而返地回到老学者面前时，老学者拍着那位垂头丧气的助手的肩膀说："真是辛苦你了，不过，你找来的那些人，其实还不如你……"

半年之后，最优秀的人选还是没有眉目。助手非常惭愧，泪流满面地坐在病床边，语气沉重地说："我真对不起您，令您失望了！""失望的是我，对不起的却是你自己。"老学者说到这里，停顿了许久，才又不无哀怨地说，"本来，最优秀的人就是你自己，只是你不敢相信自己，才把自己给忽略了，不知道如何发掘和重用自己……"

助手的内心隐藏着自卑的情结，他四处去寻找优秀的人，却忘了把自己列入其中，这就是不能正确认识自己。通常来说，自卑情绪的产生和主客观因素及自我评价因素有关，主要表现为以下几点：

1. 自我评价过低

胆小怕事，总觉得自己不如别人，在人际交往或工作中必败无疑。习惯把自己封闭起来，不参与竞争，不做有风险的事，结果，越是封闭自己，越对自己没信心，造成恶性循环。

2. 自负好斗

过分的自卑，会以过分的自尊呈现出来，他们比任何人更在意如何不让别人发现自己内心的真实想法。所以，当他认为别人可能会发现时，就采用好斗的方式来阻止别人的了解，这种人往往会因为很小的事情寻找借口挑衅。实际上，这就是一种矫枉过正的做法。

3. 喜欢从众，害怕与人不同

自卑的人常常对自己的想法缺乏自信，就习惯用随大流的方式与他人保持一致。他们在做任何事情之前，都会想："别人是不是也会这样做？我会不会被人嘲笑？"在做了事情之后，又会想："会不会得罪别人？如果刚刚不那么说就好了。"总之，求同心理特别强烈。

毋庸置疑，自卑是一种因为过多地自我否定而产生的自惭形秽的情绪体验，它可能发生在任何年龄段、任何层次的人身上。要战胜自卑，最根本的做法就是正确地认识自己。

1. 正确地评价自己

古人常说，人贵有自知之明。什么是"自知之明"呢？就是不仅能够看到自己的不足，也能看到自己的长处，不因自己某些地方不如他人而妄自菲薄，也不因自己某些地方优越而骄傲自负。

2. 正确地表现自己

深受自卑情绪困扰的人，不妨多练习一下如何表现自己，比如多一些力所能及、把握比较大的事。哪怕这些事情不太起眼，但也要努力去争取。要知道，自信是一点点积累起来的，大的成功也是细小的成功堆砌起来的。通过一件又一件小事的成功，不断为自己建立起自信，就能循序渐进地克服自卑。

3. 正确地补偿自己

盲人的眼睛看不见，但他们的听觉和身体感受能力，却比正常人更强，这就是生理的补偿机制。人的心理也同样有补偿能力。要克服自卑的情绪，一是要学会扬长避短，二是要克服缺陷，有了勤奋和毅力，每个人都有能力让自己变得更好。

○ 不好意思会让你的人生处处受限

出错、出丑有什么可怕的，一笑而过，告诉自己这没什么大不了，当你对这个世界"好意思"的时候，你会发现全世界都在为你让路。

小时候，我们都会有这样的经历，在课堂上总是会担心自己被老师提问，害怕自己会回答不上来，于是将头埋得很低很低，然而，我们总是躲不开墨菲定律——越是害怕就越会被老师叫到。想到自己结结巴巴回答问题的样子，羞得面红耳赤，真想找个地缝钻进去，当时的那种无地自容的感受可以说是非常的痛苦。

那个时候，你是否也羡慕过那些"好意思"的人？在课堂上，他们总是踊跃回答老师的每一个问题，他们是那样自信，声音大而洪亮，即使说出的答案与正确答案风马牛不相及，脸上也毫无愧色。

是的，我曾经就羡慕过这样的人，那个时刻，我觉得他们的身上自带光芒。而且他们也真的配得上这些光芒，因为这样的人真的无往而不利：在学校的时候成绩好，招老师喜欢，工作之后执行力很强，得老板赏识……这个世界的确更加青睐勇敢自信的人，含羞草只适合在自己那一亩三分地上羞答答、静悄悄地开放，无人欣赏。

Q是我最好的朋友，她是个害羞的姑娘，总是还没有说话，脸就红了。记得大二的时候，我们和几个同学一起在一个展会上做兼职，当时负责人有意让Q做领班，但是Q却红着脸拒绝了。

我问Q为什么要拒绝，做领班不但工资要高一些，而且活动结束之后还有另外的奖金。Q告诉我她怕在众人面前说话，做领班必须每天给大家训话，分配工作，而且兼职的人员中还有我们班的班长，她说看到一个那么有领导力的人站在下面听自己训话，就感觉说不出话来了，害怕自己说的话有错，惹人耻笑。

最后，领班的位置由我们班长顶替了。我问Q后不后悔，她说不后悔，本来班长就比自己更有能力，她也只愿意做一个小兵。

毕业之后，因为Q的外语水平很高，她顺利拿到了一家外资企业的录用通知。工作中，她一直是一个一丝不苟、兢兢业业的人，但是几年之后一起进去的新人都升职了，她依然是一个普普通通的翻译员。

我知道Q是一个不争的姑娘，但是很多时候也为她感觉可惜，其实如果她能对自己的期望更高一点儿，能够勇敢自信一点儿，哪怕是一点点，她得到的将会比现在多得多。

生活中有很多人，本身不缺乏知识、才能，只要努力完全可以取得成功，但事实上他们却始终没有太大的成就。这其中有一个重要的原因，就是他们的心态阻碍了成功的脚步。在他们心中，总觉得自己不行，害怕自己出丑，这也不好意思，那也不好意思，因此错过了一次又一次的机会。就像我的朋友 Q 一样，其实她是完全有能力胜任领班一职的，因为她认为自己是软弱无能的人，认为自己不如班长，所以她不好意思在众人面前逞能，不敢接受这个挑战，最终失去了锻炼自己的机会。

不好意思会让你的人生处处受限，它会影响你的发展。无论是事业还是爱情，如果你总是不好意思，将会错失很多机会。

因为不好意思，你不敢对喜欢的人表白，如果对方对你无意，还不算太亏，这只是你的一场暗恋而已。最坏的结局是对方正好也喜欢你，就等你一句话，可你始终没有鼓起勇气说出你的爱，最终你们都成为彼此的遗憾。

因为不好意思，在工作上你不懂或不敢向同事或是上级启齿请教，而恰恰同事和上级都十分愿意帮你，只是你自己不好意思迈出那一步，最终你把自己推向一座孤岛，你在这个地方找不到一点儿归属感，当然工作也不可能做得多出色。

生活中，我们明明知道"不好意思"对我们有害无益，但是为什么又总是"不好意思"呢？

其实，你的"不好意思"并不是遇到这件事才形成的，而是你很早就对某类事情产生了"不好意思"，并不断地告诉自己："这样做是很不好意思的一件事，我不能让别人笑话。"这就是我们常常所说的心理暗示。良性暗示可以成就一个人，不好的暗示同样可以毁掉一个人。在长久的自我暗示之下，在无数次的不自信之后，渐渐地我们就在潜移默化中给自己贴上了"懦弱自卑"的标签。

"不好意思"往往就是自卑心理在作怪。因为自卑，我们会变得颓废消沉，还喜欢用别人的眼光来评价和挑剔自己，产生一系列自己远不如别人的心理，从而低估了自己的能力，把自己限制在一个很低的境地，认为自己与世间那些美好的事物无缘，给自己设置一连串的"不可能"，再没有任何挑战的勇气。

拒绝"不好意思"最重要的就是要克服自卑。克服自卑其实并不难，首先我们要学会正确地去评价自己、认识自己，明白自己的长处，清楚自己的缺点，如此才能学会扬长避短，懂得利用自己的优势去解决问题。

除此之外，我们要学会为自己解压，给自己一些良性暗示，当遇到认为不好意思的事情时，及时切断"不好意思"的想法，对自己说："这没什么大不了的，我一定能做好这件事，即使做不好，又有什么关系？"一次次地迎难而上，一次次地解决你认为自己解决不好的事，一定会让你摆脱"不好意思"。

其实，生活中哪有那么多不好意思，如果这也不好意思，那也不好意思，那你怎么好意思苟且地活着？出错、出丑有什么可怕的，一笑而过，告诉自己这没什么大不了，当你对这个世界"好意思"的时候，你会发现全世界都在为你让路！

○ 不要从众，人群往往是人的坟墓

那些有所成就的人，不都是一帆风顺才有所成就，而是在逆境中不抛弃、不放弃，选择了那条少有人走的路。

社会心理学家所罗门·阿施曾做过一个关于群体遵从的实验。

阿施找来8个人参与实验，其中7个人是阿施的实验助手，只有一个是真正的被测试者。阿施给每个人发了两张卡片，第一张卡片上画有一条线段，第二张卡片上画了三条线段，其中第二条线段很明显和第一张卡片上的线段一样长。

然后阿施问道："请问第一张卡片上的线段跟第二张卡片上的哪条一样长？"他的7个助手故意抢着回答道："第一条。"那个被测试者看了看大家，没敢说出心中的答案。于是阿施又问了一遍："刚刚好像有人没有回答，我再问一遍，第一张卡片上的线段跟第二张卡片上的哪条一样长？"那7个助手异口同声地回答："第一条。"这一次，那个真正的被测试者又没有说话。

阿施问被测试者："我好像没听到你回答。你觉得第一张卡片上的线段跟哪条线段一样长呢？"

被测试者目光躲闪着，有些不确定地说："应该是第一条吧。"

这个实验很好地解释了人的从众行为：第一张卡片上的线段明明跟第二张中的第二条一样长，这是一眼就能看出来的。但是，因为另外7个人都觉得是第一条，于是这个被测试者对自己的答案产生了怀疑，因为从众心理，他放弃了正确的答案。

单从一次实验我们并不能看出从众心理的危害，但是如果我们在生活中为了让自己显得合群，也追随大流，盲目跟风，做一些错误的选择，轻则抹杀自己的个性，变成一个平庸的人，重则误入歧途，铸成大错。

成功没有捷径，你只需要坚持做你认为正确的事，并且坚定不移地走下去。

《肖申克的救赎》这部电影一直放在我的电脑里面，它在我心中一直是无法超越的经典。还记得电影开头的那几句话："这些墙很有趣。刚入狱的时候，你痛恨周围的高墙；慢慢地，你习惯了生活在其中；最终你会发现自己不得不依靠它而生存，这就叫体制化。"

可是，真正可怕的还不是肖申克的高墙，而是犯人们被监狱的体制化逐渐打磨掉的勇气与希望。犯人走进肖申克，典狱长的第一句话就是："把灵魂交给神，把身体交给我。"犯人似乎从进入监狱的那一刻起就没有了自己。

该片中被体制化的典型人物就是监狱图书管理员老布，他被关押了50年，这几乎耗尽了他一生的光阴。然而，当他获知自己即将刑满释放时，精神近乎崩溃，为了继续留在肖申克监狱里，他竟要制造一起"杀人"事件。他在这里待了一辈子，他再也离不开这座监狱了。

这些犯人完全被环境征服，老布成为环境的一部分，一旦脱离了原有的环境，一切都失去了意义。他从内心深处依恋着那间剥夺了他的自由的监狱，所以，在出狱后，完全迷茫的他选择了自杀来寻求自己永远的宁静。

瑞德也是一个被"体制化"的典型，在肖申克的前20年，他也努力地想要离开，但讽刺的是，到服刑40年的时候，他也像老布一样已经离不开肖申克了。当他离开肖申克的时候，在那个超市里，他上厕所习惯性地打报告，没人看守就没法尿尿。

所有的人都被体制化，但是主人公安迪却没有。安迪的魅力就在于他的内心一直有所坚持，他的信念不会因为别人而动摇。蒙冤入狱的安迪并没有被命运击垮，进入监狱之后，他没有像众多的人一样混吃等死，而是为了自由，坚持不懈地努力。可以说，在安迪心中，一直存在着获得自由的希望。

希望是人最美好的东西，只要自己不放弃，希望就会永远相伴随。当安迪冒着被看守长推下房顶的危险，用替警官逃税的条件为伙伴换来啤酒之时；当安迪坚持6年给政府写信终于迎来了肖申克的犯人图书馆和讲习班之时；当肖申克的上空飘起莫扎特的《费加罗的婚礼》之时；当他经过肮脏的下水道，终于爬出来在雨中狂喊之时……一切的一切，都让人感觉到自由与希望一直都在。

这部电影就好像我们现实生活的缩影，我们的人生有很多选择——成功、失败、放弃。面对困境，大多数人会选择放弃，而成功的人只是很少的一部分。

梦想谁都有，曾经的我们都是追梦人：一定要上清华北大这样的顶尖大学，毕业之后就挖到人生的第一桶金，赚那些大佬们一样多的钱，40岁之前做到财务自由、时间自由，然后环游世界……但后来的我们会嘲笑自己当初的梦想，发现自己也只是一个普通人，被时间打磨了之后，我们开始接受现实，认为那些梦想只是曾经的梦，根本不可能实现。于是，我们像大多数人那样，选择安安稳稳的生活，待在自己的舒适圈里庸碌一生。

生活中，那些面对困难容易放弃的人往往不会形影单只，他们喜欢为自己找更多的同盟者，然后画出一个圈子，一起抱怨命运，虚度光阴，甚至一起嘲笑孤立那些努力向上的人。

成为少数与众不同者，真的很不容易。从众不仅仅是与其他人一样地行动，还会受到他人行动的影响。面对同样的困境，当你看到其他人都安营扎寨，放弃与困境对抗，此时的你肯定也会产生疑问，感到孤独，甚至质疑自己的努力。

是否从众的关键在于当你面临一些别的选择的时候，你的行为和信念是否仍然保持不变。面对困境的时候，你是选择像别人一样止步不前，还是选择重振精神，继续前行。就像安迪一样，当其他人都被体制化的时候，他却反其道而行之，选择了另一条路，即使独自前行，也风雨无阻，这才获得了自己想要的生活。

黄碧云说："如果有一天我们淹没在茫茫人海中，庸碌一生，那一定是我们没有努力活得丰盛。"那些有所成就的人，不都是一帆风顺才有所成就，而是在逆境中不抛弃、不放弃，选择了那条少有人走的路。

○ 大多数时候，能够帮到你的只有你自己

在这个世界上每个人都在忙自己的事，每个人都有自己的
麻烦，大多数时候，能够帮到你的只有自己。

曾经在网上看过这样一个故事。在一望无际的草原上，一只袋
鼠迷路了。天色越来越暗，袋鼠心中的焦虑也越来越重，它怕自己
陷入沼泽，也担心落入猛兽口中。

突然，袋鼠看到了前方有一只羚羊，它的恐惧顿时减少了一
半。它企图让羚羊带自己走出这块草地，可是跟着羚羊走了很久，
最后又回到了原地。袋鼠明白了，原来那只羚羊也是迷路者。之
后，袋鼠又碰到了兔子。兔子说它可以帮助袋鼠脱离险境，因为它
有一张草原地图。袋鼠觉得有希望了，它跟随着兔子，可直到走得
筋疲力尽，也没能走到草原的尽头。袋鼠拿过兔子手里的地图，仔
细看过后发现，这是一个牧场的区域图。袋鼠又一次失望了。

天已经完全黑了，袋鼠漫无目的地走在草原上。它被恐惧和绝望打败了，躺在草地上，等待着命运的安排。无意间，袋鼠把手插进口袋，它惊奇地发现母亲过去留给它的一张草原地图。袋鼠若有所悟地笑了：它一直都寄希望于别人，却忘了答案就在自己身上。

每个人都有依赖他人的基因，我们的内心也曾有过把幸福寄托在别人身上的奢望。比如，希望周围的亲戚朋友帮自己找一份好工作；希望遇见一个条件优越的爱人，通过婚姻改变自己的命运；希望有个贵人可以助自己一臂之力，让自己成功地拥有一番事业……回顾一下这些事情的结果，有多少真的如你所愿了？

真正成熟理性的人，永远不会把希望寄托在别人身上。正如比尔·盖茨所说："如果你对别人过于依赖的话，你就无法取得成功，要想成就大事，你必须把它们一个个踢开。只有靠自己取得的幸福感，才是真正的幸福感。"

H小姐是一个没有什么野心的人，她想要的不过是一个知冷知热的伴侣，一个健康快乐的孩子，一个属于自己的家。但是孤身在繁华的都市漂泊了好几年，见证了两三个闺密的婚礼，眼看着她们走进幸福，在这个城市里安了家，而她除了有一个贪图享乐的男友之外，一无所有。

眼看着年纪越来越大，H小姐内心的渴望变得更加强烈。她对男友说："我们是不是也要考虑买房的事了。"男友抱着手机玩着游戏，眼皮抬也不抬地回了一句："不想买，背负那么大的压力干吗？况且，我家里有房子啊！"说这话时，他根本没看出她脸上的焦虑不安，更体会不到她当时有多么缺乏安全感。

听了男友的话，H小姐默不作声。对，他家里是有房子，一栋三层的小楼，可他的家远在千里之外。她想要的，是在眼下这块土地上有个属于自己的归宿。每次听到周围的人谈论房子，她的心总是沉沉的，她甚至怀疑，他是否真的爱自己？是否想到了两个人的未来？

失望的次数多了之后，H小姐不再提买房的事了。而此时，房价也突飞猛涨，当初她看上的地段，如今的价格也让她高攀不起。至于那个坚决拒绝买房的男友，也已经离她而去。一场谈了6年的爱情，就这样无疾而终。

痛定思痛之后，H小姐把银行卡里的那仅有的10万元存款取出，在市郊一个不算繁华的地段，贷款买了一处小房子。也许，从此要拿出一部分享受生活的钱来还月供，可她心里是踏实的，靠自己得来的东西，让她感到温暖和骄傲。

有时候，越是习惯了依赖，习惯了寄希望于人，就越容易丧失勇气。一旦想明白了，迈过心理的那道坎儿，就会渐渐懂得，最想要的幸福，唯有自己给得起。

我们都知道人类在这个世界上是属于群居的生物，必须与同伴互相帮助，才能生存在这个世界上，没有人可以完全地独立，不依靠他人而活在这个世界上。但我们必须了解一件事：所谓的互相帮助绝不是依赖，也不是将所有的事情都交给别人来处理。

依靠别人来解决你的问题当然容易多了，无论发生任何事，有个人可以商量总能让人觉得内心安定些。如果再进一步，别人愿意承担起完全的责任，自己更是完全松懈下来。表面上轻松了，但结果你成了一个无法独立的弱者。

有人在你身边遮风挡雨确实是一件不可多得的好事，可是这世界有多美丽终究需要你自己去看看，光听人耳语是不可能领略这其中的奥妙的。生而为人，就应该肩负起自己的责任。要知道，藤蔓虽然茂盛，可是它生长的高度却取决于它所依赖的植物，如果哪天这株植物不幸地倒了，它也就没了生存的依靠。

一个人想要得到幸福的生活，就必须学会独立，抛弃过去那种依赖心理。即使你是含着金钥匙出生的富二代，你也不能总依赖着家人。毕竟，父母总有老去的那一天，钱总有花光的那一天，更何况，瞬息万变的时代，你永远不知道明天和意外哪个先来，到了那个时候，你还能依赖谁？

只有拥有独立意识，才可以塑造出一个真实的自己，促使自己不断地走向自我完善。总是依赖他人的人，又有几个能获得长久的成功和幸福呢？唯有独立，才能改变自己的处境，甚至能改变自己的命运。

所以，不管什么时候，我们首先应该学会依靠自己。当然，靠自己并不是要我们完全不依靠他人。而是当我们遇到自己不能解决的问题的时候，可以适当地向身边的亲朋好友请教，解决自己的疑惑，但最终还是要靠自己的力量和能力去解决问题。

记住，在这个世界上每个人都在忙自己的事，每个人都有自己的麻烦，大多数时候，能够帮到你的只有自己。

○ 被拒是人生的常态：玻璃心会让你感觉更糟糕

> 大概成长就是这样，接受被拒绝，然后努力改变自己，要么在被拒中成长，要么在被拒中沉沦。而当你不再害怕被拒绝的时候，整个世界都会给你让路。

被拒的时候为什么我们都会难过？其根本原因就是我们对被拒的过度解读。

其实，拒绝和被拒都是一件极其简单的事，但是大多数时候，我们赋予了拒绝和被拒绝太多的含义。生活中，我们总觉得拒绝别人就会得罪别人，所以面对别人的无理要求，我们不好意思拒绝；我们觉得别人拒绝我们，就是否定、质疑、贬低我们的人品，所以，遭受拒绝的时候我们万念俱灰。然而，事实并非你所想的那样。

人人都有被拒的经历，被拒不等于否定，被拒更不用觉得丢脸，因为大多数被拒都不是你的错，只是告诉你这条路暂时走不通而已。正如心理学家李雪所说的："拒绝这件事情，不等于拒绝你这个人，不等于你的要求不合理，不等于我不在乎你，我拒绝仅仅因为我的感受告诉我，现在我不想这么做。"

"我们需要学会习惯被拒绝，我在找工作的时候曾经被拒绝过30多次，包括有一次去肯德基应聘，和我一起去的有24个人，结果这些人中有23个都应聘成功，只有我是唯一一个被拒绝的。后来去考警察，5个人招4个，我又是唯一一个被拒绝的。再后来我申请哈佛，被拒绝了10次。"

你肯定不会想到，说这段话的人会是马云。马云也会被拒绝？答案是肯定的。不仅如此，在当初创办阿里之时，马云被风险投资拒绝了37次，但是每次洽谈回来，他都会乐观地说："我又拒绝了一家风险投资。"

融不到资，当时的马云窘迫到连500元的工资都发不出来，这个时候，似乎很多人都不再相信他说的话了。虽然遭受众人的质疑，但马云并没有放弃，最终他先后获得了高盛联合富达投资的500万美元及日本软银2000万美元的投资，如此，才有了如今这个举世瞩目的阿里。

如果马云在某一次的拒绝中没能忍受住被拒的挫败感，那么他很可能一辈子都只是一个籍籍无名的英语老师，就是因为他不怕被拒，勇往直前，才让我们有机会看到成就如此斐然的阿里。所以，那些但凡在人们心中留下印记的人，永远不会因为被拒而退缩认命，他们的人生，永远是热血沸腾地走在追寻梦想的道路上，屡败屡战，越挫越勇。

被拒，确实是一件让人难过的事，甚至会因此让一个人产生自我怀疑，消磨掉一个人的自信心。但是，仔细想一想，谁的人生没有被拒绝过呢？

2004年，腾讯创始人马化腾在跟海尔总裁张瑞敏推销QQ的时候，他并没有说服张瑞敏，但是这并不影响QQ成为一代人的社交工具；《哈利·波特》系列丛书的作者罗琳，不知被出版社拒绝了多少次才让自己的书印成铅字；著名导演李安，被好莱坞拒绝了很多年才荣获了奥斯卡小金人；美国的著名总统林肯并不是生来就能当总统，在成为总统之前，出身不好、相貌丑陋的他被白宫拒绝了很多次……

成功并不是一蹴而就的，这些成功的人无一例外地都经历过无数次的失败。遭受拒绝的时候，或许他们也曾像你我一样彷徨无措，在无数个夜里泪流满面，内心悲凉，可是他们并不会因此沉沦，而是擦干眼泪，摒弃悲伤，再一次踏上征途，在一次又一次的被拒绝中永不放弃，咬紧牙关，拼命坚持，最终在习惯被拒、拥抱被拒中高歌凯旋。

人生在世，不管你是什么身份，什么地位，都有可能被拒绝。但是还有个更加残酷的真相：当你身在底层，越是处于弱势的时候，你越容易被拒绝。所以，面对被拒，我们唯一正确的做法就是让自己变得更加强大。

"物竞天择，适者生存""弱肉强食""先敬罗衣后敬人"，这些话无不说明作为"弱小"的无奈。社会有时就是这样残酷，当你强大时，整个世界都会对你和颜悦色、温柔友好；而当你越弱的时候，欺负你的人越多，也越容易受委屈，四处碰壁。

　　社会有时也很现实，人微就会言轻，你很难说服别人，别人拒绝你也就理所当然。既然无法改变被拒，那么就去习惯被拒，拥抱被拒。学会反思总结被拒的原因，再努力为自己争取一次，勇敢地迎上去，最坏的结果还是被拒，这有什么可怕的呢？

　　"如果遭拒后不逃跑，就有可能把'不行'变成'行'。"这是北京小伙蒋甲在尝试完连续100天被拒绝之后，发现的一条战胜拒绝的秘诀。

　　当别人拒绝你的时候，请多问一句为什么，你就会知道，别人拒绝你的原因，也许并非像你想的那样，不是你不漂亮，不是你没有能力，也有可能仅仅是你的简历格式让人看起来不够顺眼，所以才会对你说"不"。

　　不要让拒绝定义自己，而是用被拒绝后的行动定义自己。假如你是一个内心脆弱、害怕被拒的人，那么，请试试这个方法吧，你会发现，每一次被拒，都将催生一个更加成熟、更加强大的自己！

　　大概成长就是这样，接受被拒绝，然后努力改变自己，要么在被拒中成长，要么在被拒中沉沦。而当你不再害怕被拒绝的时候，整个世界都会给你让路。

○ 不要为了迎合他人而委屈自己

> 不管你做得好不好，不喜欢你的人总能挑出毛病；不管你如何委屈自己，也总有人不懂得珍惜。学会尊重自己的感受，不要因为取悦别人而委屈自己。

一位著名主持人曾说过这样一句话："人就要活在自己心里，为别人的评论所累就是傻瓜。"有人曾经问过她："你是否在意别人的评价？"她淡然一笑，然后说道："年轻时很在意，刚到电视台的时候，20多岁，报纸上表扬一句，绝对会把报纸看上几遍都不肯放手。但是现在啊，心磨啊炼啊……变硬了，如果为这些事所累，简直是傻瓜。因为只有自己最了解自己！"

以前或许我会觉得这位主持人说不在乎只是说说而已，作为公众人物，谁会真的不在意别人的评价呢？如今在电视上看到她，看到她所呈现出来的状态，我才相信她是真的不在乎。作为年过半百的女星，大多数人都想要胜天半子，努力让自己留住青春，留住美貌。但是她却选择了优雅地老去，她把最真实的一面呈现在观众面前，无论褒贬，她都不在乎。这样的她简直不要太酷，美貌于她而言，并不是那么重要了。

人生百态，生活原本就没有一个最为正确的标准模式，每个人都有自己的生活方式与态度，都有自己的价值标准。我们可以参照别人的方式、方法、态度来确定自己的行动方略，但万不可为了迎合他人而委屈自己。

NBA 巨星霍华德在接受《洛杉矶时报》的采访时，直言不讳地说："我不可能让每个人高兴，我去钓鱼都可能让别人不满，他们不满我开心地度假，希望我坐在屋子里沉浸在失利的痛苦中。我确实很不开心，但我不会停止自己正常的生活。"

谈及自己在前一个赛季的表现时，霍华德承认，伤病对他的影响很大："但自我从肩伤中复出之后，有些人认为我没有拼尽全力，没有人愿意听一下我刚从手术中恢复，我一直在带伤比赛，有些批评对我是不公平的。但是，我不在意人们说什么，无论是正面的还是负面的，我都不会管，不然我就没法生活下去了。"

这番话说得很实在，如果总依照别人的标准去做人，那真的就没法生活下去了。因为人生是一个多棱镜，总以它变幻莫测的每一面去反照生活中的每个人。

人是社会性动物，你我都生活在社会关系中。众多的心理研究发现，一个人是否幸福的秘诀就在于是否拥有和谐的人际关系，要坚持自我，又要寻求在社会关系中的稳定和谐，对每个人来说都不是一件容易的事，也是我们一生都在学习的功课。

读书的时候，我们往往能看到三五成群的伙伴，总有一个人是供其他人取笑，甚至是跑腿儿的，那个憨厚老实的人总是对这些看似开玩笑的嘲笑一笑置之，依然乐呵呵地供人驱使。

一味迎合别人的人一般来说是想要通过委屈自己的方式获得别人的认同感和归属感，事实上，这样的讨好并不能换来真正的友谊，反而会影响你性格的形成，最终导致在生活中做事畏缩犹豫，不敢表达自己内心的真实需求和想法，这对你之后的工作和生活都是极其不利的。

与人交往，需要起码的自尊自信，把自己摆在第一位，这绝不是自私，而是表明你是一个独立的"个人"，有健全的思想道德意识。不要因为朋友比你长得漂亮帅气，比你富有，比你能说会道，事业比你成功，你就觉得自己在他面前矮了一截，你就应该迁就他的颐指气使。

或许，你可以用你超乎常人的忍耐和迁就换来一份友谊，赢得一个朋友，但是这样的人际关系一开始就不是平等的，你的内心并不会因此而感到愉悦幸福。人活一世，就是为了体会世间的种种美好，和喜欢的人待在一起做喜欢的事，如果一份友谊并不会让你感到快乐，反而让你因为迎合别人而委屈了自己，这岂不是一件本末倒置的事？

真正的友谊是靠双方的人格相互吸引的，而不是一方的委屈讨好。任何时候，我们都要拥有独立的人格，不能因为朋友的地位和财富比自己高，我们就在他面前做小伏低。须知，和朋友相比，我们的地位财富也许不能平等，但是，我们的内心是必须平等的。我们可以给朋友面子，适当迁就朋友的一些无理要求，但是我们应该摆正自己的位置，不能一味地迎合他人而委屈自己，让自己给人一种"低人一等"的感觉！

更残酷的事实是，靠讨好、低姿态换来的关系最不牢固，且没有意义。如果你总是迁就朋友，朋友就会把你的迁就当作理所当然的，假如有一天你不能满足他的要求，那这份友谊也会大打折扣。到了那个时候，你就会发现，自己原来不过是别人眼里的一个笑话。我们可以主动热心地去帮助一些真正有需要的人，但没义务去一味地迎合他人。

更何况，长期忽略自己的需求，会让别人觉得你没有需求。在人际交往中，处处迎合他人，委屈自己的那个人往往最容易被遗忘，被忽视。与人交往，你首先应该认清自己的需求，重新排列价值观的优先顺序，不要让人觉得你是一个任人拿捏的人，如此，别人对待你的态度也就自然而然地不同了。

所以，不论你生长的环境是否优渥、办事的能力是强是弱，最起码的自尊、自信要有。自信有时意味着"坚持自我，不轻易顺从"，做一个积极向上，讲原则、守承诺的人，很多时候，你不需要直接拒绝别人，别人知道你是一个不轻易打破原则的人之后，也就不会轻易向你提出那些无理的甚至会侮辱你尊严的要求了。

○ 发自内心地喜欢不完美的自己

只有直面自身的阴影，承认和接受完整的自己，才能够获得心灵上的自由，消除所有的压力，滋生无限的力量，以轻松的姿态去迎接所有挑战。

我国台湾漫画家蔡志忠曾打过一个比喻，他说："人生其实就像橘子一样，有些看上去很完美却淡而无味，有些看上去粗糙却滋味十足，你的人生就该是你自己的，因为只有你自己才能知道其中的味道！"

确实，人生就像橘子，有的橘子大而酸，有的橘子小而甜。如果只盯着不完美看，那么甭管拿到大的还是小的，都会抱怨；如果能用积极的态度看待，那么拿到小的，他会庆幸是甜的，拿到酸的，他也会开心是大的。

生而为人，我们都不完美。每个人都是上帝咬过的苹果，因为他不愿意把所有的好处都给一个人。可能，他给了你美貌，却咬掉了几分智慧；也可能，他给了你金钱，又咬掉了几分健康；还可能，他给了你天才，却又咬掉了运气……所以，我们看到的自己总是不完美的，有缺陷的。但是，不完美不代表不美丽，不完美不代表一无是处。

我们都该试着接纳自己的一切，当完美主义又开始作祟时，可以将那些瑕疵和缺陷视为整体的一部分，用善意和宽容来看待。如此，便能够更加安心地对待自己。当你对某件事物感到恐惧和不自信时，不要假装"我不怕"，你可以坦然地面对这一现实并对自己说："我心里有点担心，不过没关系。"当你萌生了贪婪、嫉妒的情绪，不要否认它们的存在，亦不要埋葬自己的感觉，你可以坦然地告诉自己："每个人遇到类似的情形，可能都会如此，没关系。"

美国犯罪小说家派翠西亚·海史密斯在其代表作《天才雷普利》中，就成功地刻画了一个内外相斥的人，他就是主人公雷普利。

雷普利是一个颇具才华的青年，有野心、有抱负、有能力，擅长伪装，会模仿任何人的笔迹和声音。他渴望成功，渴望金钱，渴望权力，渴望地位，只是这些他都不曾拥有，倒是船王的儿子迪奇，过着他想要的生活。

雷普利羡慕迪奇的人生，他不想让任何人知道自己的贫穷和卑微，尤其是他心仪的富家女梅尔蒂。于是，他慢慢地融入了迪奇的生活，并为他的生活形态所迷惑，在无法说服迪奇回国后，欲望让雷普利失去了理智，他杀死了迪奇，并设圈套从船王手里得到了一大笔钱，以迪奇的身份开始生活。就在雷普利陶醉于自己亲手打造的美梦中时，他因一次意外的巧合露出马脚，引起了警方的怀疑，并开始对他进行调查。

雷普利竭尽所能地去伪装他人，从心理学上说，他是不敢面对真实的自己，不认同真实的自己。文学作品总有夸张的成分，现实中像雷普利一样自我否定到近乎畸形的人并不多，但和他一样不愿意接受自我的人却不少。

我身边的一个朋友，她从事教育工作多年，曾经给我讲过一个很有趣的故事。

她带的班级在刚开学的时候，迎来了两个外地转学生，一个沉默寡言，另一个外向开朗。她注意到，沉默寡言的那个男孩子有时候会避免与人交谈，只有到万不得已的时候才讲话。

与此相反，外向的男孩子很喜欢和人交谈，即使他的普通话说得并不标准，有严重的地方口音，但他毫不在意，他不怕别人嘲笑他的口音，很爱说话，很敢说话，还常常用方言说话，逗得人捧腹大笑。同学们不但没有嘲笑他，还觉得他的方言很有趣，有时候有的同学兴趣来了还会跟着学几句。很快，那个外向的孩子就和同学们打成了一片。

而那个沉默寡言的孩子却变得越来越孤僻，总是一个人待在一个角落里，把自己变成一座孤岛。注意到这个问题之后，朋友跟那个内向的孩子深谈了一次，她了解到，这个孩子不是不爱说话，他只是害怕自己的普通话说得不够标准，会遭到大家的嘲笑。于是他小心翼翼地掩饰自己的口音，害怕别人发现自己说话有口音。

朋友告诉那个孩子，其实每个人都有自身的缺陷，没有人会像你自己那样关注你自己，或许你自认为的缺陷，别人并不在意。接纳不完美的自己，坦然地面对自身的缺陷并认同它，才是对待缺陷的正确方式。

谈话结束后的第二天，朋友就把新来的两个孩子安排坐在一起，在那个外向孩子的影响下，这个内向的孩子也变得外向开朗了，他不再害怕开口说话。

有人曾说，人性之中那些丑陋的，那些让我们不舒服的，甚至是罪恶的东西，就深深地根植在我们的生命之中，甩不脱它，也杀不死它，因为，那就是人的一部分。但是，让我们的生活变得糟糕的，并不是人性中这些丑陋的东西，而是我们对丑陋的不接纳，不接纳的同时，又没有办法根除它。当我们承认了不完美是常态，接纳了那个有缺陷的自己时，心里就不会再有拧巴的感觉了。

不管什么时候，当你又开始为某些瑕疵纠结时，试着在心里默念："你不完美，我不完美，他不完美，我们每个人都不完美，不过没关系。"当我们这样看世界时，便少了无益的抱怨，多了面对生活的从容淡定。也许，在这个世界上，唯一完美的就是不完美，接纳不完美才是完美。

荣格说过："幻想光明是没有用的，唯一的出路是认识阴影。"只有直面自身的阴影，承认和接受完整的自己，才能够获得心灵上的自由，消除所有的压力，滋生无限的力量，以轻松的姿态去迎接所有挑战。所以，你只消成为"最好的自己"便可以了，那个最好的你，就是最完美的你。

○ 停止做那些让你觉得无味的事

　　快乐与幸福的秘诀之一，就是在有限的生命里，选择做你喜欢的事。满足了自己在乎的事，才会觉得幸福，否则就算守着城堡、财富，也会觉得空虚和乏味。

　　曾经在一本书上看到过这样一句话："当生命终结的时候，最害怕死亡的是那些知道自己从未真正活过的人！"

　　日本最年轻的临终关怀主治医师大津秀一，在多年行医的经验基础上，在亲自听闻并目睹过1000例病患者的临终遗憾后，写下《临终前会后悔的25件事》，在这些事情中，大都涉及"没有做自己"的遗憾，比如：没做自己想做的事；被感情左右度过一生；没有去想去的地方旅行；没有表明自己的真实意愿……

　　如果你承认人生是属于自己的，你发自内心地爱自己，那么你不该给自己留下这样的遗憾。人一定要做自己喜欢、自己想做的事，生活才会有意义。或许，在此过程中会遭到周围的人或环境的阻碍，但绝不能因此就放弃自己的意愿。要知道，有些事情一旦拖延，很可能就是一辈子，而我们都只有一辈子可活。

30 岁之前，R 小姐从来都没觉得，她的人生是自己的。出生在知识分子家庭的她，有一对严肃谨慎的父母，她们对 R 小姐的管教特别严厉，以致 R 小姐一直遵从父母的意愿活着，唯唯诺诺，没有自己的一点儿想法。R 小姐总是暗暗嘲笑自己，她是父母的翻版，是家里的木偶人。

小时候，R 小姐很羡慕院子里一个会跳舞的小姑娘，每次大家一起玩的时候，那个小女孩都能给大家跳一段漂亮的舞蹈，她穿着白色的公主裙，被众多伙伴围绕着，真的很像一个受宠的公主。偶尔，小女孩会教 R 小姐跳一段，那种翩翩起舞的感觉，让 R 小姐很是开心，她觉得自己就像一只小蝴蝶，自由自在。

R 小姐特别想去学舞蹈，当她终于鼓足勇气，向父母说出了自己的想法时，意料之中地遭到了父母强烈的反对，思想保守的他们说："学舞蹈有什么用？供人取乐子？考试会考舞蹈吗？我们已经给你报了补习班，还是把你的成绩先稳住。" R 小姐的第一个梦想，就这样被无情地扼杀了。

之后，R 小姐一直在做父母身边的乖乖女。高中报考文理班时，喜欢历史的 R 小姐想去文科班，父母又是坚决反对，说文科生报考专业时受限制太多。R 小姐去了理科班，虽然成绩也不错，只是面对枯燥的物理公式和化学方程式，心里总是一阵一阵地抵触和厌烦。

高考填报志愿时，R小姐想去师范学院读中文，父母却强烈要求她报考医科大学。她本不想顺从，但架不住父母苦口婆心地劝阻，最后还是选择了上医科大。只不过，带着沉重的心理压力，外加情绪不佳，她只考上了一个护理的专科。

读大学时，同学给她介绍了一个男友，两人很是谈得来。只不过，对方不是本市的，没有房子，这段爱情又遭到了家里的反对。她抵抗不过父母的百般阻挠，忍痛和男友分开了，她不希望自己的婚姻得不到亲人的祝福。最后，她与父亲的一个学生结婚了。

在外人眼里，R小姐一生顺风顺水，收入稳定，衣食无忧，家庭又和谐幸福，实在是让人羡慕。的确，以R小姐家庭的经济情况，在这个注重物质的时代，这样的生活是多少人求之不得的。可是，R小姐内心的苦楚只有自己知道，过去的这些年里，几乎每一次重要的决定，都是别人替自己拿主意。那些曾在脑海里憧憬过的画面，都成了无法触摸的梦。周围的人总说她不爱笑，就连她自己也忘了，从什么时候开始自己变得不爱笑了。

也许，她不是不爱笑，是根本笑不出来，当一个人不能做想做的事、爱想爱的人、过想过的生活时，她还有什么快乐可言呢？作家略萨曾经说过："我敢肯定的是，作家从内心深处感到写作是他经历过的最美好的事情，因为对作家来说，写作是最好的生活方式。"因为喜欢，所以快乐，沉醉其中乐此不疲，金钱和名誉，都是可有可无的附加值。若是束缚太多，无法做自己想做的事，久而久之一定会身心疲惫、无所适从。

人生就是一场单程的旅途，没有回头的路。生活太累，太多纠结，就是因为给了自己太多束缚，不敢打破一切潜在的规则。试着把自己的感觉叫醒，停止做那些让你无味的事，勇敢地活出自己。你会发现，未来还有无限可能，你拥有足够的时间去成为你想要成为的人。

记住，快乐与幸福的秘诀之一，就是在有限的生命里，选择做你喜欢的事。满足了自己在乎的事，才会觉得幸福，否则就算守着城堡、财富，也会觉得空虚和乏味。

后记 | 愿你在最好的年纪，活得无可替代

蔡康永曾经说过这样一段话："15 岁觉得游泳难，放弃游泳，到 18 岁遇到一个你喜欢的人约你去游泳，你只好说'我不会啊'。18 岁觉得英语难，放弃英语，28 岁出现一个很棒但要会英语的工作，你只好说'我不会啊'。人生前期越嫌麻烦，越懒得学，后来就越可能错过让你动心的人和事，错过新风景。"

畏难是人的天性，我们总是很容易放过自己，总是习惯把梦想留在未来，把努力留在明天。但是世界上没有那么多来日方长，每一个今天都是一个永远再也不会倒回来的昨天，人生也没有回头路，走完今天的这段旅程，明天就是全新的一段路。

平常的日子总被我们当作不值钱的"废纸"，涂抹坏了也不心疼，或者是干脆交白卷。实际上，翻过的每一页都不会重来，浪费了就浪费了，覆水难收。

静下心来的时候，想想自己有多少理想没有实现，多少计划和目标化成了泡影，想想自己有多少次在为自己的懒惰、懦弱找借口，获取宽慰？知道吗，这是一种对自己不负责任的表现，因为正是这些借口扼杀了一个成功的你，一个理想的你，一个让自己满意的你！

在人生这趟旅程中，没有捷径可言，有些过程我们无法省略，有些重负必须我们自己去背，有些旅途必须我们自己去走……只有踏踏实实地走好每一步，珍惜每一个无法复制的今天，你才能在最好的年纪，活得无可替代。

所以，请你牢记下面几条忠告：

1. 不要总是挑选毫不费力的事情去做

当未来的某一天，你回首来时的路，你才会意识到，你曾完成的每一件有意义的事情最初都是对你的一次挑战，巨大的挑战能让普通的人取得巨大的成就，而那些毫无挑战的事，最终只能练就一个平凡的你。

未来还有无限可能，你拥有足够的时间去成为你想要成为的人，未来的旅程也许会遇上你无法想象的困境，但是永远不要放弃你自己。你知道你有能力去做，那就不要挑最省力的事去做，有些挑战也同时意味着机遇。

2. 不要安于现状，不向命运妥协

一个人安于现状就是接受平庸的开始。如果你对所有事情都妥协认命，你永远也不知道自己值得拥有什么。

你要意识到，不是要等到事情出现了问题才尝试去解决它，有时这意味着要从头开始并创造全新的生活；有时你要保持距离才能把事情看清楚；有时变得更加坚强意味着放弃旧习惯、关系、境况，并找到一些完全不同的且能激励你的东西——能够让你迫不及待地希望天快点儿亮的那一类事情。

不安于现状，每天都可能遇见一个未知的可能，这才是生活。

3. 放弃很容易，但努力最可贵

不管你的起点在哪儿，只要努力了，我相信总会有收获。要知道，最终能够使你的生活发生质的飞跃的，不是你心血来潮偶尔去做的事情，而是你每天坚持去做的事情。所以不管什么时候，都要有一个人生规划，即便它不完善，也要比没有任何计划，当一天和尚撞一天钟强。

很多人都有迷惘的时候，不要因为你不知道你的方向在哪里，就让自己陷入长期迷茫的迷雾之中，最终消磨了自己的斗志。找出你想要的是什么，你想要过上什么样的生活，当你感受到了你真正渴望某样东西的感觉时，你会发现自己的身上有无限的潜能在等待挖掘，你也会发现丰富的新机遇和可能性。

4. 不要随波逐流，你需要拥有自己的人生

世界上没有完全相同的两片叶子，也没有完全相同的两个人，我们每个人在这个社会上生存都要去找到适合自己的生存之路，如果一味地按照其他人的想法去生活，我们永远也不会得到身心的满足。

记住，你拥有感受涌上你心头的任何感觉，并去追随使你感到快乐的那条路的权利。永远不要拿自己和别人做比较，或被其他人的成功吓倒，永远不要放弃你自己，不要期望别人能够理解你的旅程，尤其是那些不和你走在一条路上的人，永远不要让别人对你的期望影响到你对自己的期望。

听从你的直觉，清楚你真正渴求的是什么，你就不用再向任何人证明什么。正如艾伦·金斯伯格所说："追随你内心的月光，不要掩藏狂热的一面。"

5. 把时间与精力放在有意义的事情上

我们都会有老去的那一天，未来的某一天，你会发现，最终人们评价你这个人，所依据的不是你说过的话而是你做过的事。

那么，现在就把你的时间与精力放在能够给你当下的生活带去意义的事情上去吧，让每一天都全力以赴地去生活，当生活用困境或难题拖延你向前迈进的时候，不要那么容易放过自己，不要让未来的你埋怨现在的自己。你要确保等到自己年老的时候，自己的人生是值得自己去细细回味的。